新型农民现代农业技术与技能培训丛书

奶牛配种员培训教材

刘国世　朱士恩　编著

金盾出版社

内 容 提 要

本书由中国农业大学动物科技学院动物繁殖学教授编著。内容包括：奶牛配种员的职责和素质，奶牛配种员须具备的基础知识，奶牛人工采精技术，奶牛配种方法，奶牛配种员技术考核指标及劳动定额等。

本教材从强化培养操作技能，掌握一门实用技术的角度出发，较好地体现了本岗位当前最新的实用知识和操作技能，理论深入浅出，语言通俗易懂，适用于县(市)、乡(镇)和农业企业相关工种的岗位培训，并可供广大青年农民自学使用。

图书在版编目(CIP)数据

奶牛配种员培训教材/刘国世，朱士恩编著．—北京：金盾出版社，2008.3

(新型农民现代农业技术与技能培训丛书)

ISBN 978-7-5082-4942-1

Ⅰ.奶… Ⅱ.①刘…②朱… Ⅲ.乳牛-家畜育种-技术培训-教材 Ⅳ.S823.92

中国版本图书馆 CIP 数据核字(2008)第 001980 号

金盾出版社出版、总发行

北京太平路 5 号(地铁万寿路站往南)
邮政编码：100036　电话：68214039　83219215
传真：68276683　网址：www.jdcbs.cn
封面印刷：北京精美彩印有限公司
正文印刷：北京兴华印刷厂
装订：双峰装订厂
各地新华书店经销

开本：850×1168 1/32　印张：4.625　字数：106 千字
2009 年 1 月第 1 版第 2 次印刷
印数：8001—14000 册　定价：8.00 元

(凡购买金盾出版社的图书，如有缺页、倒页、脱页者，本社发行部负责调换)

新型农民现代技术与技能培训丛书

编委会

主 任

唐运新　谭祐德

委 员

（按姓氏笔画排列）

王清兰	邓望喜	史德宽	任克良
刘　新	孙双全	李　钦	李合生
李治民	李泽炳	李晓军	沈火林
张　建	张元恩	陈国平	陈章久
陈黎红	肖发沂	郑世发	施森宝
黄明双	曹克驹	曹尚银	彭中镇

序　言

中共中央国务院[2007]1号文件明确指出，加强"三农"工作，积极发展现代农业，扎实推进社会主义新农村建设，是全面落实科学发展观、构建社会主义和谐社会的必然要求，是加快社会主义现代化建设的重大任务。

我国农业人口众多，发展现代农业、建设社会主义新农村，是一项伟大而艰巨的综合工程，不仅需要深化农村综合改革、加快建立投入保障机制、加强农业基础建设、加大科技支撑力度、健全现代农业产业体系和农村市场体系，而且必须注重培养新型农民，造就建设现代农业的人才队伍。

胡锦涛总书记在党的十七大报告中进一步指出，要培育有文化、懂技术、会经营的新型农民，发挥亿万农民建设新农村的主体作用。

新型农民是一支数以亿计的现代农业劳动大军，这支队伍的建立和壮大，只靠学校培养是远远不够的，主要应通过对广大青壮年农民进行现代农业技术与技能的培训来实现。金盾出版社在对农业岗位培训进行广泛调研的基础上，与中国农业大学老科技工作者协会、华中农业大学老教授协会等单位共同策划，约请数百名农业专家、学者参加，组织编写了"新型农民现代农业技术与技能培训丛书"（以下简称"丛书"）。"丛书"坚持以现阶段我国青壮年农民的文化技术水平出发，突出现代农业技术与技能的传授，注重其先进性和实用性；"丛书"以教材形式编写，共有88个分册，涉及81个农业岗位，除水稻农艺工、蔬菜园艺工、蔬菜植保员、果树植保员分南方本和北方本外，其他均为一个岗位一本培训教材，以方便县（市）、乡（镇）、村组织新型农民培训和农业企业进行岗位培训时选用。"丛书"的组编和出版,还得到了河北农业大学、沈阳农业大学、西北农林科技大学、甘肃农业大学、北京农学院、山东畜牧兽医职业技术学院、大连民族学院、中国农业科学院茶叶研究所、中国农业科学院油料研究所、中国农业科学院郑州果树研究所、中国农业科学院特产研究所、中国农业科学院桑蚕研究所、中国养蜂学会、内蒙古自治区农牧科学院、甘肃省蔬菜研究所、山东省果树研究所、广西壮族自治区柑桔研究所、山西省畜牧兽医研究所等单位部分专家、教授的支持和参与,并列入劳动和社会保障部《全国职业培训与技能鉴定用书目录》,进行推荐,使我们深感欣慰,在此表示衷心感谢。我们希望和相信,通过"丛书"的出版发行,能为新型农民队伍的发展壮大贡献一份力量,也能为现代农业技术与技能培训积累一些可供借鉴的经验。

"丛书"编写时间有限,各分册存在不足或错漏在所难免,恳请同仁和各使用单位批评指正。

编 委 会

2008 年 1 月

目 录

第一章 奶牛配种员的职责和素质 ………………………………… (1)
  一、职责 ……………………………………………………………… (1)
  二、素质 ……………………………………………………………… (2)
    (一)思想品德、行为素质 ………………………………………… (2)
    (二)专业素质 ……………………………………………………… (3)
第二章 奶牛配种员须具备的基础知识 ………………………… (5)
  一、公牛的生殖器官 ………………………………………………… (5)
    (一)睾丸 …………………………………………………………… (6)
    (二)附睾 …………………………………………………………… (6)
    (三)输精管 ………………………………………………………… (6)
    (四)副性腺 ………………………………………………………… (6)
    (五)尿生殖道 ……………………………………………………… (7)
    (六)阴茎 …………………………………………………………… (7)
  二、母牛的生殖器官 ………………………………………………… (8)
    (一)卵巢 …………………………………………………………… (8)
    (二)输卵管 ………………………………………………………… (10)
    (三)子宫 …………………………………………………………… (12)
    (四)阴道 …………………………………………………………… (14)
    (五)外生殖器 ……………………………………………………… (15)
  三、生殖激素 ………………………………………………………… (15)
    (一)神经激素 ……………………………………………………… (18)
    (二)促性腺激素 …………………………………………………… (20)
    (三)胎盘激素 ……………………………………………………… (21)
    (四)性腺激素 ……………………………………………………… (21)

（五）前列腺素(PGs) ……………………………………(23)
　四、奶牛的繁殖生理和规律………………………………(23)
　　（一）公牛的精液 ………………………………………(23)
　　（二）卵子的发生和卵泡的发育 ………………………(32)
　　（三）性成熟和初配年龄 ………………………………(34)
　　（四）母牛的发情和排卵 ………………………………(35)
　　（五）适时配种 …………………………………………(38)
　　（六）妊娠及诊断 ………………………………………(41)
　五、繁殖障碍疾病…………………………………………(49)
　　（一）假发情 ……………………………………………(49)
　　（二）安静发情 …………………………………………(50)
　　（三）卵巢囊肿 …………………………………………(51)
　　（四）子宫内膜炎 ………………………………………(53)
　　（五）其他生殖系统疾病 ………………………………(55)
　六、奶牛配种登记制度及登记表格………………………(72)
　　（一）受胎力 ……………………………………………(74)
　　（二）综合繁殖率 ………………………………………(75)

第三章　奶牛人工采精技术 ………………………………(77)
　一、人工采精操作规程……………………………………(77)
　　（一）采精场所及器械 …………………………………(77)
　　（二）采精前的准备 ……………………………………(78)
　　（三）人工采精方法 ……………………………………(79)
　　（四）人工采精器材的使用、消毒及保管………………(81)
　二、精液品质鉴定…………………………………………(84)
　　（一）精液的外观和精液量检查 ………………………(84)
　　（二）精子活率 …………………………………………(85)
　　（三）精子密度 …………………………………………(85)
　　（四）精子畸形率 ………………………………………(87)

（五）精子顶体异常率 …………………………………（88）
　　（六）显微镜的使用及保管 ……………………………（88）
　三、精液稀释与保存技术 …………………………………（95）
　　（一）精液稀释液的配制 ………………………………（96）
　　（二）牛精液保存方法 …………………………………（100）
　　（三）冷冻精液的解冻与使用 …………………………（103）
　　（四）液氮罐的使用及保管 ……………………………（105）
第四章　奶牛配种方法 ………………………………………（108）
　一、自然交配 ………………………………………………（108）
　　（一）自由交配 …………………………………………（108）
　　（二）分群交配 …………………………………………（108）
　　（三）圈栏交配 …………………………………………（108）
　　（四）人工辅助交配 ……………………………………（109）
　二、人工授精——子宫内输精 ……………………………（110）
　　（一）人工输精操作规程 ………………………………（110）
　　（二）人工输精方法 ……………………………………（111）
　　（三）器材的使用、消毒及保管 ………………………（113）
第五章　奶牛配种员技术考核指标及劳动定额 ……………（115）
　一、家畜人工授精从业人员资格评审标准 ………………（115）
　二、良种场繁殖人员工作内容 ……………………………（115）
　　（一）工作日程 …………………………………………（115）
　　（二）查槽 ………………………………………………（116）
　　（三）发情观察及发情鉴定 ……………………………（116）
　　（四）输精 ………………………………………………（116）
　　（五）子宫疾病治疗 ……………………………………（116）
　　（六）妊娠 ………………………………………………（117）
　三、人工授精技术标准 ……………………………………（117）
附录： …………………………………………………………（120）

附录 1　牛人工授精操作规程 …………………………… (120)
附录 2　牛冷冻精液国家标准 …………………………… (125)
参考文献 ……………………………………………………… (135)

第一章 奶牛配种员的职责和素质

为了贯彻落实2006年中央1号文件精神,扶持"三农",促进农牧业增效、农牧民增收,农业部采取了一系列扶持农牧业发展的政策。奶牛良种补贴项目,作为国家农业良种补贴的一项具体政策,近年来补贴的力度明显增大,这对处于政策实施第一线的配种员提出了更高的要求。鉴于此,有必要对奶牛配种员的素质和职责进一步明确化和条理化,从而确保政策的落实和目标的实现。

一、职 责

第一,要热爱本职工作,遵守职业道德,进行上岗前培训,持证(《奶牛配种经营许可证》和《从业人员上岗证》)上岗,挂牌作业,根据收费标准进行收费(冷冻精液费和配种费分开收取)。

第二,每年末制订下年的逐月配种繁殖计划,每月制订下月的逐日计划,参与制订选配计划。

第三,负责牛只的发情鉴定、人工授精、妊娠检查、生殖道疾病和不孕症的防治,以及奶牛进出产房的管理等。

第四,及时填写发情记录、配种记录、妊娠检查记录、流产记录、产犊记录、生殖道疾病治疗记录、繁殖卡片等。按时整理、分析各种繁殖技术资料,及时、如实上报。

第五,普及奶牛繁殖知识,掌握科技信息,积极采用先进技术和经验,认真学习国家有关部门发布的行业规范,不断提高业务水平。

第六,经常检查液氮保存量,做好奶牛精液的保管和采购工作。

第七,对本场繁育工作提出意见和建议,配合上级领导,完成各项任务,自觉接受项目管理和群众监督。

二、素　质

养奶牛是一项技术性很强的生产劳动。随着养奶牛业向大规模集约化生产的发展,养奶牛专业化程度越来越高,技术性也越来越强,对劳动力的素质要求也越来越高。

劳动者的素质主要包括 2 个方面,即业务素质和行为素质。这两条素质对生产、生存、竞争、效益关系极大。因此,必须加强管理人员和职工的素质教育。

(一)思想品德、行为素质

1. 良好的思想品德

①热爱祖国,热爱企业,热爱本职工作,热爱劳动,积极为奶牛场做贡献。

②勤奋好学,刻苦钻研,开拓进取,勇于创新,努力提高文化、科技和业务素质。

③讲究社会公德,团结友爱,热情互助,分工协作,能够服从领导,听从指挥,工作积极主动,努力完成任务,并积极主动向领导反映生产中存在的问题和为企业的发展提出合理化建议。

④遵纪守法,抵制不法行为。能够勇于承认和改正自己的缺点和错误、虚心接受领导和同事的批评,敢于检举损害企业、国家、个人利益的人和事、敢于同坏人坏事作斗争等。

⑤艰苦奋斗,增收节支,爱护公物、讲究卫生。

⑥严格遵守劳动纪律,恪守工作职责。

2. 遵守行业规范

①进场必须穿专用工作服。专用工作服要经常清洗,用紫外

线灯照射、高温煮沸或用化学性消毒剂浸泡消毒。接触病奶牛后应更换工作服。

②注重个人卫生,勤洗澡,勤修剪指甲,防止病原在身上藏匿。工作时,不吸烟,不吃东西,防止病从口入。

③在工作中一旦身体的某个部位受伤,要迅速挤压出伤口内的血液,用清水把伤口冲洗干净后涂抹碘酊,再用消毒纱布包扎。

④发现疑似奶牛的结核病、口蹄疫、炭疽等疾病时,一般不进行剖检。对一般传染病进行剖检时,要用乳胶手套等保护用品。工作完毕后应及时全面消毒。

⑤每年定期进行体检,尤其注意结核病、布鲁氏菌病、沙门氏菌病等的检查。防止交叉感染。

(二)专业素质

业务素质包括对繁殖、饲养等技术的掌握的程度。在繁殖技术方面包括发情观察、人工授精、辅助配种、妊娠诊断、临床判别及接产技术等;饲养技术主要包括个别饲养的控制喂量、饲料过渡、称重、给料、采食异常观察等。

普通的生产场,虽然不一定要求有专业人员,但核心的管理和技术人员至少应具有初中以上的文化素质,以便能够通过培训,掌握人工授精、饲养管理、疾病防治等基本技能。对于承担育种任务的种奶牛场来说,专业技术人员必不可少。

专业技术人员要有良好的身体素质,要熟练掌握基本操作技能,要取得相应的职业资格,具有钻研进取精神和一定的管理才能。

须由本人提出书面申请,经畜牧部门考核合格后,申办领取《奶牛配种经营许可证》和《从业人员上岗证》方可从事配种业务。

思 考 题

1. 奶牛配种员的职责是什么？
2. 奶牛配种员的素质要求有哪些？
3. 如何做好奶牛配种员的工作？

第二章 奶牛配种员须具备的基础知识

一、公牛的生殖器官

公牛的生殖器官包括睾丸、附睾、输精管、副性腺、尿生殖道和阴茎(图1)。其主要功能是产生精子并使其成熟,分泌雄性激素,通过交配或人工授精将精子输入到母牛的生殖道内,从而使母牛受胎产犊。

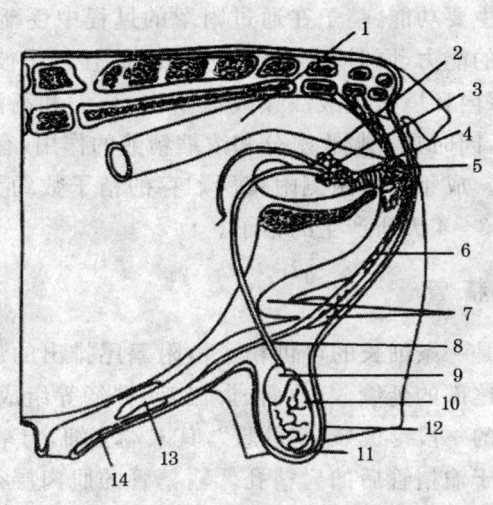

图 1 公牛的生殖器官
1.直肠 2.输精管壶腹 3.精囊腺 4.前列腺
5.尿道球腺 6.阴茎提肌 7.S状弯曲 8.输精管
9.附睾头 10.睾丸 11.附睾尾 12.阴囊
13.阴茎游离端 14.包皮鞘

(一) 睾 丸

睾丸位于阴囊的总鞘膜腔内,为卵圆形的成对腺体。左右各一,重量为550～650克,睾丸的主要功能是产生精子,分泌雄激素,刺激公牛的性欲和性兴奋,维持第二性征,刺激阴茎及副性腺的发育,促进精子的发生、成熟和存活。

(二) 附 睾

附睾是附着在睾丸外缘的辅助器官,分为附睾头、附睾体、附睾尾三部分。附睾头与睾丸相接,是睾丸的输出管;附睾尾与输精管相连。

附睾的主要功能:精子在通过附睾的过程中逐渐实现成熟并且获得受精的能力,同时获得相同的负电荷,使精子彼此之间不发生凝集;附睾内环境呈微酸性(pH值6.2～6.8)和高渗态,可抑制精子的活动,同时具有吸收水分和浓缩精液的作用,有利于精子在附睾内贮藏。成年公牛两侧附睾所贮存的精子数约为750亿个,相当于睾丸3～4天所产生的精子。

(三) 输 精 管

输精管是一条细长的可供精子由附睾尾排出的通道,它是附睾管在附睾尾部的延续,与血管、淋巴管、神经等组成精索。输精管中间变粗的一段形成"输精管腹",其末端变细,与精囊腺的排泄孔共同开口于输精管后的射精孔。输精管的肌肉层很发达,交配时能强烈地收缩,将精液射出体外。

(四) 副 性 腺

副性腺包括精囊腺、前列腺和尿道球腺。射精时它的分泌物同输精管壶腹的分泌物合称为精清,是精液的主要组成部分。

1. 精囊腺 是一对致密的分泌腺,是副性腺中最大的腺体。其分泌物呈浅白色,射入阴道后变为胶状物。有栓塞阴道、防止精液倒流的作用。分泌物中含有果糖和盐类,能刺激精子运动,并供给精子活动所需要的能量。

2. 前列腺 开口于尿生殖道内。其分泌物为不透明的灰色液体,呈弱碱性,有腥味,能改变精子的休眠状态,使精子的活动能力增强,能够吸收精子运动时排出的二氧化碳,有利于精子的运动。

3. 尿道球腺 成对排列开口于尿生殖道。它的分泌物可以清洗尿生殖道,使精子在通过尿生殖道时不受尿液及其他物质的危害。另外,还可稀释精液,活化精子;栓塞阴道,防止精液倒流以及缓冲不良环境对精子的危害等。

(五)尿生殖道

雄性尿生殖道是尿、精液共同排出的管道,分为骨盆部和阴茎部2部分。射精时,精子经壶腹、尿道部,与副性腺的分泌物混合后经输精管的开口处,进入阴茎部,然后射出体外。精阜是由海绵体组成的,射精时它可关闭膀胱颈,防止精液流入膀胱。

(六)阴 茎

阴茎是公牛的交配器官,也是排尿的通道。牛的阴茎较细,自坐骨弓沿中线向前延伸,到达脐部。在阴囊后上方形成S状弯曲,交配时则伸直。阴茎由2部分构成,前端叫做阴茎头,也称龟头;后端叫阴茎根,其基础为海绵体。阴茎的勃起就是海绵体内的海绵腔充血所致。

二、母牛的生殖器官

母牛的生殖器官包括3个部分:性腺,即卵巢;生殖道,包括输卵管、子宫、阴道;外生殖器,包括尿生殖道前庭、阴唇、阴蒂。性腺和生殖道也称内生殖器官。母牛的生殖器官见图2。

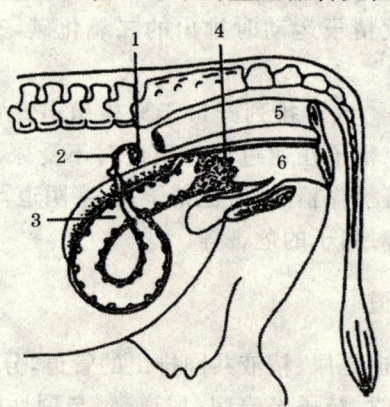

图2 母牛的生殖器官
1.卵巢 2.输卵管 3.子宫角
4.子宫颈 5.直肠 6.阴道

(一)卵 巢

1. 卵巢的形态与位置 牛卵巢的形态为扁椭圆形,附着在卵巢系膜上,其附着缘上有卵巢门、血管、神经,由此出入。中等大小的母牛,卵巢平均长为3~4厘米,宽1.5~2厘米,厚2~3厘米。

牛的卵巢一般位于子宫角尖端外侧。初产及经产胎次少的母牛卵巢均在耻骨前缘之后;经产多次的母牛子宫因胎次增多而逐渐垂入腹腔,卵巢也随之前移至耻骨前缘的前下方。

2. 卵巢的组织结构 牛的卵巢组织分为皮质部和髓质部,两

第二章 奶牛配种员须具备的基础知识

者的基质都是结缔组织。皮质内含有卵泡、卵泡的前身和续产物（红体、黄体和白体）。由于卵巢外表无浆膜覆盖,卵泡可在卵巢的任何部位排卵。皮质部的结缔组织含有许多成纤维细胞、胶原纤维、网状纤维、血管、淋巴管、神经和平滑肌纤维。接近表面的结缔组织细胞的排列大体上与卵巢表面平行,比靠近髓质处的略为致密,称为白膜。白膜外表盖有生殖上皮。髓质内含有许多细小的血管、神经,它们由卵巢门出入,所以卵巢门上没有皮质,血管分为小支进入皮质,并在卵泡膜上构成血管网（图3）。

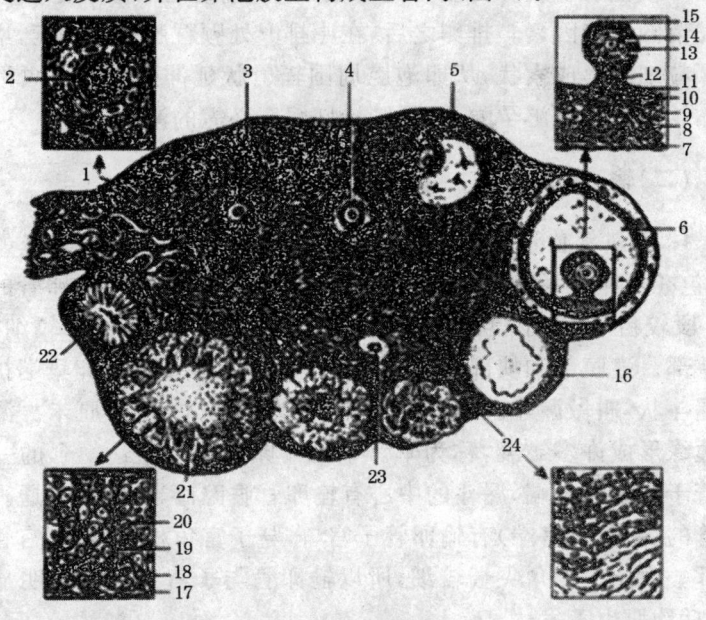

图3 卵巢的组织结构

1.原始卵泡 2.卵泡细胞 3.卵母细胞 4.次级卵泡 5.生长卵泡 6.成熟卵泡 7.卵泡外膜 8.卵泡膜的血管 9.卵泡内膜 10.基膜 11.颗粒细胞 12.卵丘 13.卵细胞 14.透明带 15.放射冠 16.刚排过卵的卵泡空腔 17.由外膜形成的黄体细胞 18.由内膜形成的黄体细胞 19.血管 20.由颗粒细胞形成的黄体细胞 21.黄体 22.白体 23.萎缩卵泡 24.间质细胞

3. 卵巢的功能

(1) 卵泡发育和排卵　卵巢皮质部分布着许多原始卵泡。原始卵泡是由1个卵母细胞和周围一单层卵泡细胞构成的,它经过初级卵泡、次级卵泡、生长卵泡和成熟卵泡阶段,最终排出卵子。排卵后在原卵泡处形成黄体。

(2) 分泌雌激素和孕酮　在卵泡发育过程中,包围在卵泡细胞外的两层卵巢皮质基质细胞形成卵泡膜。卵泡膜分为血管性的内膜和纤维性的外膜。内膜分泌雌激素,一定量的雌激素是导致母畜发情的直接因素。排卵之后,在原排卵处颗粒膜形成皱襞,增生的颗粒细胞形成索状,从卵泡腔周围辐射状延伸到腔的中央形成黄体。黄体能分泌孕酮,它是维持妊娠所必需的激素。

(二) 输卵管

1. 输卵管的形态与位置　输卵管是卵子进入子宫必经的通道,包在输卵管系膜内,有许多弯曲,长15～30厘米。输卵管的前1/3段较粗,称为壶腹部,是卵子受精的部位。其余部分较细,称为峡部。壶腹部和峡部连接处叫做壶峡连接部。靠近卵巢端扩大呈漏斗状,叫做漏斗。漏斗的面积,牛为20～30平方厘米。漏斗的边缘形成许多皱襞,称为伞。牛的输卵管伞不发达。伞的一处附着于卵巢的上端,漏斗的中心有输卵管腹腔口,与腹腔相通。输卵管的后端(子宫端)有输卵管子宫口,与子宫角相通,常称宫管连接部。由于子宫角尖端较细,所以输卵管与子宫角之间无明显分界,括约肌也不发达。

2. 输卵管的组织结构　输卵管的管壁从外向内由浆膜、肌层和黏膜构成。肌层可分为内层的环状或螺旋形肌束和外层的纵行肌束,其中混有斜形纤维,使整个管壁能协调地收缩。肌层从卵巢端到子宫端逐渐增厚。黏膜形成若干初级纵襞,并在壶腹内分出许多次级纵襞。牛有4个初级纵襞,每个初级纵襞又有若干次级纵襞。

第二章 奶牛配种员须具备的基础知识

黏膜衬以柱状纤毛细胞和无纤毛的楔形细胞。纤毛细胞在输卵管的卵巢端,特别是在伞部,较为普遍,越向子宫端越少,这种细胞有一种细长而能颤动的纤毛伸入管腔,能向子宫方向摆动。峡部的分泌细胞比纤毛细胞高,纤毛几乎伸不到管腔。无纤毛细胞为分泌细胞,含有特殊的分泌颗粒,其大小和数量在不同种间和发情的不同时期有很大的变化。楔形细胞可能是排空的分泌细胞(图4)。

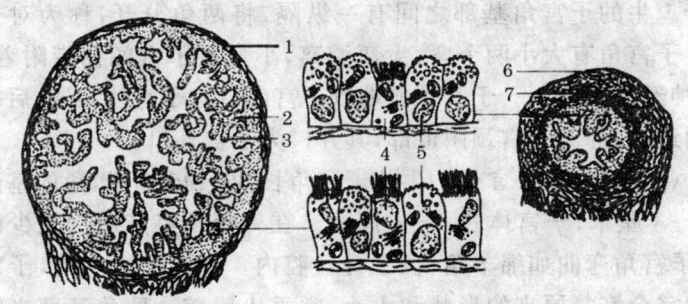

图4 输卵管的横切面
1.浆膜 2.初级纵襞 3.次级纵襞 4.纤毛细胞
5.分泌细胞 6.纵行肌层 7.环形肌层

3. 输卵管的功能

(1)运送卵子 从卵巢排出的卵子先到输卵管伞部,借助纤毛的活动将其运输到漏斗部和壶腹部。通过输卵管分节蠕动及逆蠕动、黏膜及输卵管系膜的收缩,以及纤毛活动引起的液流活动,卵子通过壶腹部的黏膜襞被运送到壶峡连接部。

(2)精子获能、受精及卵裂的场所 精子从子宫上行到输卵管获能并在壶腹部与卵子结合受精卵裂至胚胎细胞。

(3)分泌功能 输卵管黏膜上皮的分泌细胞在卵巢激素的影响下,在不同的生理阶段,分泌的量有很大的变化。发情时,分泌量增多,分泌液 pH 值为 $7\sim 8$,分泌物主要为各种氨基酸、葡萄糖、乳酸、黏蛋白及黏多糖,它是精子、卵子及早期胚胎的培养液。输卵管及其分泌物的生理生化状况是精子和卵子正常运行、合子正常发育及运行的必要条件。

(三)子　宫

1. 子宫的形态与位置　子宫分为子宫角、子宫体和子宫颈三部分。牛的子宫角基部之间有一纵隔,将两角分开,称为对分子宫。子宫角有大小两个弯,大弯游离,小弯供子宫阔韧带附着,血管、神经由此出入。子宫颈前端以子宫内口与子宫体相通,后端突入阴道内,称为子宫颈阴道部,其开口为子宫外口。

(1)子宫角、子宫体　牛的子宫角长30~40厘米,角的基部粗1.5~3厘米;子宫体长2~4厘米。在青年及经产胎次较少的母牛,子宫角弯曲如绵羊角,位于骨盆腔内。经产胎次多的,子宫并不能完全恢复原来的形状和大小,常垂入腹腔。两角基部之间的纵隔处有一纵沟,称角间沟。子宫黏膜有突出于表面的半圆形子宫阜70~120个,阜上没有子宫腺,其深部含有丰富的血管。妊娠时子宫阜即发育为母体胎盘。

(2)子宫颈　牛的子宫颈长5~10厘米,粗3~4厘米,壁厚而硬,不发情时管壁封闭很紧,发情时也只是稍微开放。子宫颈阴道部粗大,突入阴道2~3厘米;黏膜有放射状皱襞,经产牛的皱襞有时肥大如菜花状;子宫颈肌的环状层很厚,分为2层,内层和黏膜的固有层构成4(2~5)个横的新月形皱襞,彼此嵌合,使子宫颈管成为螺旋状。环形层和纵行层之间有一层稠密的血管网,所以子宫颈破裂时出血很多。子宫颈黏膜是由两类柱状上皮细胞组成,即具有动纤毛的纤毛细胞和无纤毛的分泌细胞。发情时分泌活动增强,但子宫颈部缺乏腺体。牛的子宫颈形状见图5。

2. 子宫的组织结构　子宫的组织结构从内向外为黏膜、肌层及浆膜。

黏膜由上皮和固有膜构成。上皮为柱状细胞,上皮下陷入固有膜内构成子宫腺。固有膜也称基质膜,非常发达,内含大量的淋巴、血管和子宫腺。子宫腺为简单、分支、盘曲的管状腺。子宫腺以子宫角最发达,子宫体较少,在子宫颈,则只在皱襞之间的深处有腺状结构,其余部分为柱状细胞,能分泌黏液。在牛子宫角黏膜表面,沿子宫纵轴排列纽扣状隆起(直径为15毫米),称为子宫阜。

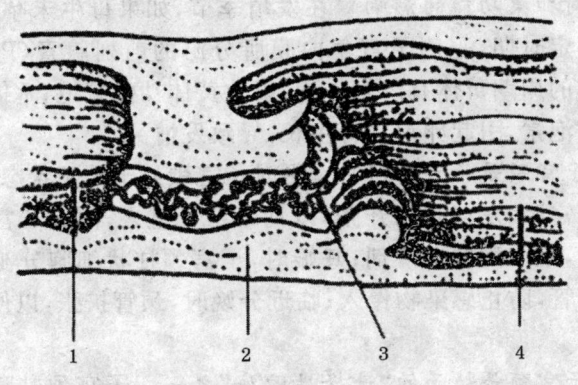

图5 牛的子宫颈(正中矢状剖面)
1.子宫体 2.子宫颈 3.子宫颈外口 4.阴道

肌肉层的外层薄,为纵行肌纤维;内层厚,为螺旋形的环状肌纤维。子宫颈肌可以看作是子宫肌的附着点,同时也是子宫的括约肌,其内层特别厚,且富有致密的胶原纤维和弹性纤维,是子宫颈皱襞的主要构成部分;内外两层交界处有交错的肌束和血管网。浆膜与子宫阔韧带的浆膜相连接。

3. 子宫的功能

(1)子宫的收缩功能　发情时子宫借其肌纤维有节律、强而有力的收缩作用运送精液,使精子可能超越其本身的运行速率而通过输卵管的子宫口进入输卵管。分娩时,子宫以其强有力的阵缩排出胎犊。

(2) 子宫的分泌功能　子宫内膜的分泌物和渗出物,以及内膜进行糖、脂肪、蛋白质代谢的产物,可为精子获能提供环境,又可供孕体(囊胚到附植)的营养需要。妊娠时,子宫内膜(牛子宫阜)形成母体胎盘,与胎犊胎盘结合成为胎犊和母体间交换营养、排泄物的器官。子宫是胎犊发育的场所。

(3) 对卵巢功能的影响　在发情季节,如果母牛未孕,在发情周期的一定时期,一侧子宫角内膜所分泌的前列腺素($PGF_{2\alpha}$)对同侧卵巢的周期黄体有溶解作用,以致黄体功能减退,垂体又大量分泌促卵泡素,引起卵泡发育生长,导致发情。

(4) 子宫颈是子宫的门户　平时子宫颈处于关闭状态,以防异物侵入子宫腔;发情时稍开张,以利于精子进入,同时子宫颈大量分泌黏液,是交配的润滑剂;妊娠时,子宫颈柱状细胞分泌黏液堵塞子宫颈管,防止感染物侵入;临近分娩时,颈管扩张,以便胎犊排出。

(5) 子宫颈是精子的"选择性贮库"之一　子宫颈黏膜分泌细胞所分泌的黏液的微胶粒方向线,将一些精子导入子宫颈黏膜隐窝内。宫颈可以滤剔缺损和不活动的精子,所以它是防止过多精子进入受精部位的第一道栅栏。

(四) 阴　道

阴道背侧为直肠,腹侧为膀胱和尿道。阴道腔为扁平的缝隙。前端有子宫颈阴道部突入其中。子宫颈阴道部周围的阴道腔称为阴道穹窿。后端和尿生殖前庭之间以尿道外口、阴瓣为界。牛的阴道长 22~28 厘米。

阴道在生殖过程中具有多种功能。它除是交配器官外,也是交配后的精子贮库,精子在此处集聚和保存,并不断向子宫供应精子。阴道的生化和微生物环境能保护生殖道不遭受微生物入侵。

阴道通过收缩、扩张、复原、分泌和吸收等功能,排出子宫黏膜及输卵管的分泌物,同时作为分娩时的产道。

(五)外生殖器

1. 尿生殖前庭 为从阴瓣到阴门裂的部分,前高后低,稍微倾斜。前庭自阴门下连合至尿道外口,长约 10 厘米。在前庭两侧壁的黏膜下层有前庭大腺,为分支管状腺,发情时分泌增强。

2. 阴唇 阴唇分左右两片构成阴门,其上下端联合形成阴门的上下角。牛的阴门下角呈锐角,两阴唇间的开口为阴门裂。阴唇的外面是皮肤,内为黏膜,二者之间有阴门括约肌及大量结缔组织。

3. 阴蒂 由 2 个勃起组织构成,相当于公畜的阴茎。海绵体的两个脚附着在坐骨弓的中线两旁。阴蒂头相当于公畜的龟头,富有感觉神经末梢,位于阴唇下角的阴蒂凹陷内。

三、生殖激素

牛的生殖过程主要包括发情、配种(输精)、受精、妊娠、分娩和产后生殖能力恢复等一系列复杂的生理现象。既要求生殖器官按严格的规律运转,也需要其他器官的协调配合,以及群体内个体间的相互影响。神经和中枢系统通过控制生殖激素的分泌来调节公、母牛生殖过程的各个环节,完成相应的生殖活动。

传统意义上的"激素"是指由某器官(或腺体)合成和分泌的一种或几种微量生物活性物质,经血液循环运送到机体各部及特定的器官或组织,并使之产生特异生理反应者称为激素。其中一类直接作用于生殖活动,并以调节生殖过程为主要生理功能的激素叫生殖激素。通常把合成和分泌激素的器官或细胞叫做"内分泌器官或细胞",而把接受并对某种激素做出相应生理反应的器官或细胞叫"靶器官或靶细胞"。

生殖激素的种类很多,按产生部位和调节关系可分为以下 5 个主要类别(表1)。

表1 生殖激素的种类、来源及主要功能

种类	名称	简称	来源	化学性质	主要功能
神经激素	促性腺激素释放激素	GnRH	下丘脑	十肽	促进垂体前叶释放FSH和LH
	促乳素释放因子	PRF	下丘脑	多肽	促进垂体前叶释放PRL
	促乳素抑制因子	PIF	下丘脑	多肽	抑制垂体前叶释放PRL
	促甲状腺素释放激素	TRH	下丘脑	三肽	促进垂体前叶释放促甲状腺素和PRL
	催产素	OXT	下丘脑合成,垂体后叶释放	九肽	引起子宫收缩、排乳,加速配子运行
	松果体激素		松果体	小分子肽或氨基酸衍生物	在长日照繁殖动物抑制性腺活动;在短日照繁殖动物促进繁殖季节开始
垂体前叶激素	促卵泡素	FSH	垂体前叶	糖蛋白	促进卵泡发育和精子发生
	促黄体素	LH	垂体前叶	糖蛋白	促进卵泡成熟、排卵、黄体形成和功能维持,促进雄激素分泌
	促乳素	PRL	垂体前叶、胎盘	蛋白质	促进乳腺发育及泌乳、促进黄体分泌孕酮,诱导母性行为

续表1

种 类	名 称	简 称	来 源	化学性质	主要功能
性腺激素	雌激素	E	卵巢、胎盘	类固醇	促进发情行为和雌性第二性征,刺激雌性生殖道和乳腺管道系统发育,增强子宫收缩能力,反馈调节下丘脑和垂体功能
	孕激素	P	卵巢、胎盘	类固醇	低浓度时与雌激素协同引起发情行为,高浓度时抑制发情;维持妊娠;促进乳腺腺泡发育
	雄激素	A	睾丸	类固醇	促进雄性第二性征和性行为、精子发生、副性腺发育和功能
	松弛素	RLX	卵巢、胎盘	多肽	刺激产道和韧带松弛,抑制子宫收缩
	抑制素	IBN	卵巢、睾丸	糖蛋白	抑制垂体分泌FSH,调节配子发生
	激活素	ATN	卵巢、睾丸	糖蛋白	刺激垂体分泌FSH
	卵泡抑素	FST	卵巢	糖基化多肽	抑制垂体分泌FSH
胎盘激素	人绒毛膜促性腺激素	hCG	灵长类合胞体滋养层细胞	糖蛋白	与LH类似
	孕马血清促性腺激素	eCG/PMSG	马胎盘	糖蛋白	具有FSH和LH作用,以FSH为主
其他	前列腺素	PG	广泛分布	不饱和脂肪酸	多种生理作用,$PGF_{2\alpha}$溶解黄体、促进子宫收缩
	外激素		外分泌腺		促进性成熟、影响性行为

(一) 神经激素

下丘脑是间脑的一个组成部分,体积很小,占脑重量的 1/300,但却是中枢神经系统和内分泌系统两大调节体系的联结与转换枢纽。下丘脑内有许多神经核团,某些核团含有一类特殊的神经细胞,它们兼有神经细胞和内分泌细胞的双重功能,称为神经内分泌细胞。这类细胞既能把上一级神经元的神经信息以神经递质的形式传递给下一级神经元(体现神经细胞的功能);又能把上一级神经信息转换成神经激素的分泌(体现内分泌功能)。神经激素最后释放入血液中,通过循环系统输送到靶器官,引起相应生理反应。

下丘脑—垂体门脉系统是下丘脑和腺垂体(垂体前叶)间的特殊联系。下丘脑是调节腺垂体合成分泌功能的中枢。由下丘脑产生的几种神经激素,首先被释放到下丘脑—垂体门脉系统,由它直接带到腺垂体,调节腺垂体的功能。这种特殊的联系具体表现为:下丘脑动脉进入下丘脑以后,形成毛细血管网,再汇集成数根较大的血管,进入腺垂体,在这里又一次形成毛细血管网,最后汇入垂体静脉。这种两次形成毛细血管网的特殊形式称为下丘脑—垂体门脉系统。下丘脑同腺垂体间的这种联系,有助于把下丘脑神经内分泌细胞所产生的极微量的神经激素有效地运送到它的靶器官——腺垂体,以控制和调节其分泌功能。

下丘脑神经激素的种类很多,与生殖功能密切相关的主要有 2 种:

1. 促性腺激素释放激素(GnRH) 来源于下丘脑某几个区域的神经内分泌细胞,为十肽结构。由下丘脑产生的 GnRH 经下丘脑—垂体门脉系统可直接进入腺垂体,调控促黄体素(LH)和促卵泡素(FSH)的合成和释放。目前从猪、牛和羊的下丘脑提纯的 GnRH 主要以促黄体激素释放激素的形式存在。因此,也可将 GnRH 写作 LRH。其主要生理功能是:生理剂量,可促进腺垂体

LH 和 FSH 的合成和释放。大剂量、长期使用,会产生抑制排卵、延缓胚胎附植、阻碍妊娠等抗生育作用。国内生产的九肽高效类似物 LRH-A1~LRH-A3(促排1~3号),在养牛业生产中常用于促进排卵和治疗卵泡囊肿。

2. 催产素(OXT) 由下丘脑特定的细胞核团(视上核和室旁核)合成、分泌,经轴突运至垂体后叶(神经垂体)贮存、释放,为九肽结构。其主要生理功能:促进母牛生殖道平滑肌的收缩和蠕动,有利于精子的运行和分娩。刺激乳腺导管肌上皮细胞的收缩,引起排乳。促进母牛功能黄体的退化。

催产素的释放是一种神经反射过程(图6)。感受器位于外阴部、生殖道和乳房,适当地刺激(如按摩等)这些部位,可反射性地引起催产素的释放。

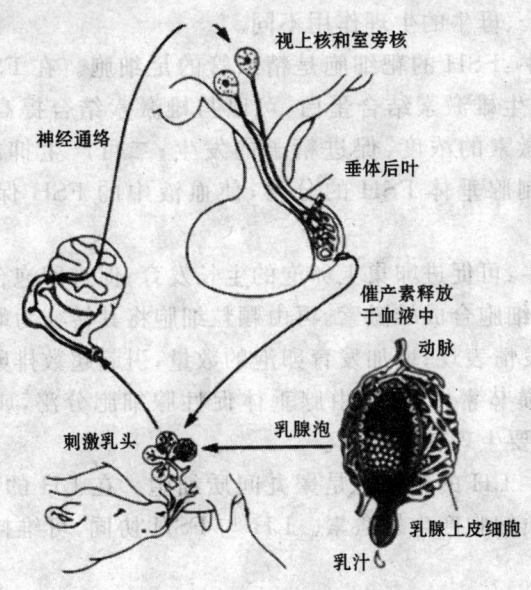

图6 催产素的分泌调节示意

国产的催产素为九肽类似物,活性较高,常用于促进母牛分娩,加速胎儿产出,排出子宫内容物,治疗产后子宫出血等。催产素与雌激素合用有协同作用;与孕激素合用则有拮抗作用。

(二)促性腺激素

垂体位于脑下部的蝶鞍(蝶骨内的一个凹陷处)内,体积很小,牛的垂体重 2~5 克,是牛最重要的内分泌器官之一。垂体分前、后两叶,前叶也称腺垂体,是合成分泌激素的主要部分;垂体后叶也称神经垂体,主要功能是贮存和释放垂体后叶激素。

垂体促性腺激素有 3 种,分别是促卵泡素、促黄体素和促乳素,都是由腺垂体合成和分泌的。

1. 促卵泡素(FSH) 由腺垂体的促性腺细胞产生,为糖蛋白激素。对公、母牛的生理作用不同。

对公牛:FSH 的靶细胞是精细管的足细胞。在 FSH 的作用下,一是产生雄激素结合蛋白,可以与雄激素结合提高和维持精细管内雄激素的浓度,促进精子的发生;二可产生抑制素,通过负反馈抑制腺垂体 FSH 的分泌,使血液中的 FSH 保持相对稳定。

对母牛:可促进卵巢上卵泡的生长发育;促进卵泡合成雌激素(先由内膜细胞合成雄激素,再由颗粒细胞将其转变为雌激素),引起母牛的发情表现;增加发育卵泡的数量,引起超数排卵。

2. 促黄体素(LH) 由腺垂体促性腺细胞分泌,属于糖蛋白激素,其主要生理功能如下。

对公牛 LH 的靶细胞是睾丸间质细胞。在 LH 的作用下,可使睾丸间质细胞产生雄激素。LH 与 FSH 协同,可维持精子的发生。

对母牛 LH 的靶细胞是卵泡内膜细胞和黄体细胞。LH 与 FSH 协同作用,可促进卵泡的生长、发育和成熟。进而由 LH 引起成熟卵泡排卵、形成黄体,促进黄体合成和分泌孕酮,维持妊娠。

3. 促乳素(PRL) 又称促黄体分泌素(LTH)。由垂体前叶促性腺细胞分泌,是一种蛋白激素。其主要生理功能为,刺激乳腺的发育,通常与雌激素协同可促进腺管发育;与孕激素协同可促进腺泡的发育;与皮质类固醇协同可促进和维持发育成熟的乳腺泌乳。

(三)胎盘激素

胎盘是母畜妊娠期间所特有的一种临时性内分泌器官,几乎具有垂体和腺性两种器官的全部内分泌功能。各种家畜的胎盘都能产生雌激素、孕激素、松弛素和催产素;而马属动物和灵长类的胎盘可产生两种重要的促性腺激素。

1. 孕马血清促性腺激素(PMSG) 来源于妊娠马属动物子宫内膜杯状组织,母马妊娠2~4个月,血液中含量最高,是提取PMSG的最佳时间阶段。属于糖蛋白激素。PMSG具有促卵泡素(FSH)和促黄体素(LH)的双重作用,但以FSH作用为主。在生产中,一般用作FSH的代用品,用以诱发动物超数排卵、治疗卵巢静止、卵泡发育停滞等。由于其半衰期过长,有时会影响处理效果,在使用中应注意。

2. 人绒毛膜促性腺激素(hCG) 来源于人及其他灵长类绒毛膜的合胞体,怀孕1.5~4个月的妇女尿中含量很高,也称孕妇尿激素。孕妇尿和刮宫废弃物常作为提取hCG的原料。属糖蛋白激素。hCG的生理作用与LH相似,其商品制剂是LH的廉价代用品,常用于促进动物排卵和治疗卵泡囊肿等。

(四)性腺激素

性腺是指公牛的睾丸和母牛的卵巢。性腺具有产生配子(精子或卵子)和分泌性腺激素的双重功能。

1. 睾丸激素

(1)雄激素 由睾丸间质细胞产生,为类固醇激素,其中生物活性最强的是睾酮。主要生理作用是维持精子的发生,维持雄性副性器官的形态和功能,激发公畜的性欲并决定其社群地位,促进公畜第二性征的发育,促进机体蛋白质合成,反馈调节下丘脑和垂体对于促性腺激素释放激素和促性腺激素的分泌和释放。

人工合成的雄激素类似物常用的有丙酸睾丸素(丙酸睾酮),主要用以治疗和改进公牛由于雄激素不足或缺乏引起的繁殖障碍。

(2)抑制素 来自睾丸精细管上皮的足细胞,少量产生于母牛卵巢的卵泡细胞,属于多肽类激素。其主要生理功能是在垂体水平上抑制促卵泡素的分泌和释放。

2. 卵巢激素

(1)雌激素 由母牛卵巢卵泡颗粒细胞和卵泡内膜细胞共同产生,属类固醇激素。机体内有多种雌激素,其中以17β-雌二醇的生理活性最强。其主要生理功能是诱导母牛的发情表现和发情行为,维持母牛生殖道的形态和功能,促进母牛第二性征及乳腺的发育,促进母牛脂肪的合成。

常用的人工合成雌激素类似物为苯甲酸雌二醇和戊酸雌二醇。

(2)孕激素 主要来自母牛卵巢的黄体和胎盘,主要产物为孕酮,它的生理活性很高。孕激素也属于类固醇激素。其主要生理作用是抑制发情,降低中枢神经系统的兴奋性;维持母牛的妊娠,促进孕期子宫和胎盘的发育;促进乳腺的发育;改进母牛的合成代谢,促使孕牛增膘;反馈调节下丘脑和垂体的生殖内分泌功能。

常用的合成孕激素类似物主要有黄体酮、甲地孕酮、炔诺酮等。可用于妊娠期保胎和同期发情。

(3)松弛素 产生于母牛妊娠后期的黄体,以及子宫和胎盘。

属多肽类激素。其主要生理作用是促使母牛骨盆韧带松弛和骨盆开张,有助于胎儿的产出。

目前国内已有3种松弛素制剂,分别为:Releasin(主要成分为松弛素)、Cervilaxin(以子宫颈松弛因子为主)和Lutrexin(以黄体协同因子为主)。主要用于子宫镇痛、预防流产和早产、促进子宫颈松弛、诱导临产分娩等。

(五)前列腺素(PGs)

前列腺素并不符合内分泌激素的传统定义,并非是由特定的内分泌腺产生、经血液运送至靶器官或靶组织、行使其调节功能的激素,但具有激素的生理功能。

前列腺素早期在精液中发现,被认为是前列腺生产,并由此得名。现已证实,前列腺素存在于机体多种组织中。是具有生物活性的类脂物,属20个碳原子不饱和脂肪酸的衍生物。由于前列腺素在血液循环中消失甚快,其作用主要限于相邻组织,故又称为局部激素。前列腺素的种类很多,在畜牧生产中应用最广的是$PGF_{2\alpha}$,其主要生理功能是促进卵巢功能黄体的退化和生殖道平滑肌的收缩。人工合成的$PGF_{2\alpha}$类似物主要有氯前列烯醇、15甲基$PGF_{2\alpha}$等,在牛的繁殖技术中主要用于同期发情、超数排卵、治疗持久黄体和子宫内膜炎等。

四、奶牛的繁殖生理和规律

(一)公牛的精液

1. 精子的发生 公牛的精子是由睾丸精细管上皮产生的(图7)。公牛在生育年龄阶段,精细管上皮总是进行着细胞的分裂和演变,产生一批又一批的精子,同时生精细胞会不断得到补充和更

新。精子发生可人为地分为3个阶段(图8):

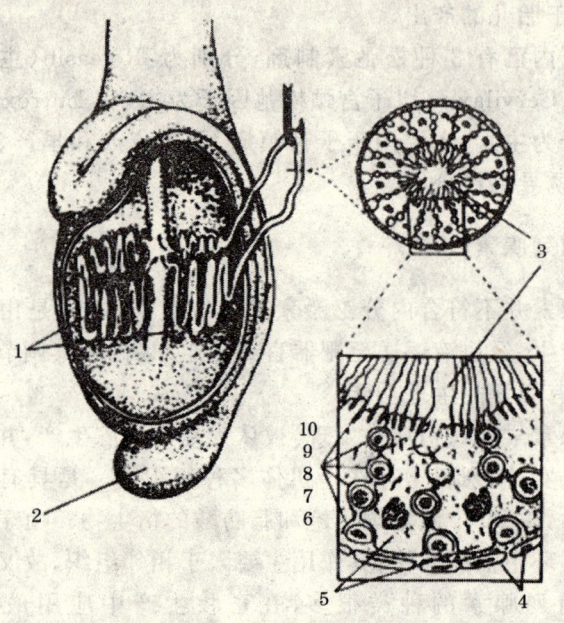

图7 牛精细管横断面部分结构
1.精细管 2.附睾尾 3.精液 4.肌上皮细胞 5.支持细胞 6.精原细胞 7.初级精母细胞分裂期 8.初级精母细胞 9.次级精母细胞 10.精子

第一阶段,精原细胞的分裂和初级精母细胞的形成。公牛的1个精原细胞经过数次有丝分裂,可产生24个初级精母细胞,这些细胞仍为二倍体细胞。

第二阶段,初级精母细胞的减数分裂和精子细胞的形成。初级精母细胞形成后,随即进行性细胞所特有的分裂方式——成熟分裂,也称减数分裂。细胞核发生一系列的变化,染色体复制,由二倍体先变为四倍体,然后进行2次成熟分裂,第一次分裂产生2

个次级精母细胞,再经第二次分裂共产生 4 个精子细胞,将 4 倍的染色体平均分配到 4 个精子细胞中。该过程中,第一次成熟分裂的时间较长,而第二次成熟分裂需时甚短。

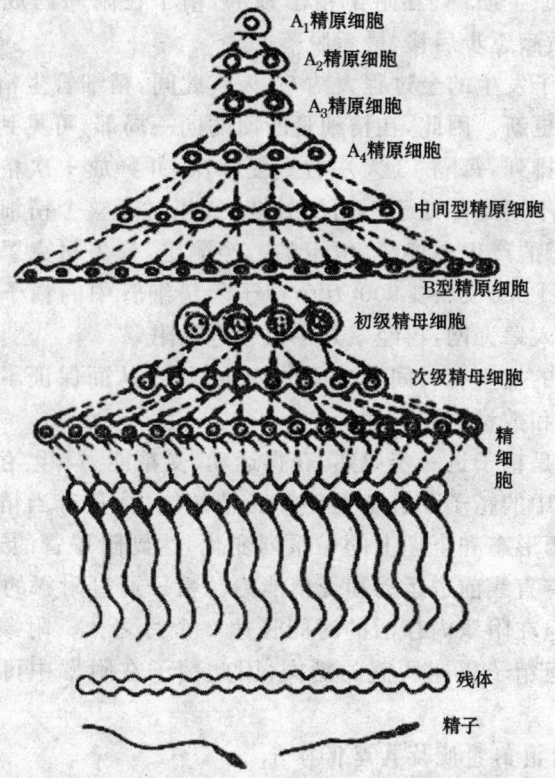

图 8　精子发生期间依次出现的各种细胞类型示意

精细胞生成过程包括:从 A_1 型精原细胞分裂到圆形精细胞的发生。圆形精细胞变为长形细胞的过程称为精子生成。在精子发生过程中,细胞间桥连接大群细胞,说明发育中的生殖细胞的同源性。释放出精子后的精细胞残体仍然互相连接(引自 Garne & Hafez,1980)

第三阶段，精子细胞的变形和精子的形成。精子细胞最初为圆形，逐渐变长，某些细胞器演化成精子的顶体、尾部等。精子形成后即脱离精细管上皮，游离于精细管管腔。精子的大部分原生质浓缩成原生质滴，黏附于精子颈部，精子在附睾内成熟的过程中，原生质滴逐步后移，最后脱落。

牛精子发生的全过程大约60天。此间，精细管生精细胞需进行4.4次更新。因此，在精细管断面的同一局部，可见到数代生精细胞重叠排列，每隔13天左右重复1次，并释放1次精子。因为精细管的不同局部处于不同的时期，致使对于整个精细管和睾丸来说，精子的产生是连续、恒定的。经测定，公牛每克睾丸组织每天可产生1300万～1900万个精子。精细管中的精子经精细管的一端汇入睾丸网，再经睾丸输出管进入附睾。

精子的发生有时间和空间的变化规律，从而保证了精子产生的连续性和数量的稳定性。

附睾是精子进一步成熟，获得运动、受精能力和贮存精子的器官。睾丸中的精子不具备运动和受精的能力，只有当精子进入附睾后，经历形态和生理上的一系列变化，达到附睾管的末段（附睾尾）才具有直线前进运动和受精能力。精子通过附睾的时间为14天左右，但在附睾内存活的时间长达2个月之久。附睾液为弱酸性，且缺乏精子代谢所需的糖类，因此精子在附睾中可呈休眠状态。

2. 精液的组成及其理化特性

（1）精液的组成　精液由精子和精清2部分组成，是在精子发生、成熟和射精过程中合成的（图9）。

公牛精子和精清的含量分别占精液总量的15%和85%。常用每毫升精液中所含精子的数目表示精液的精子密度。公牛的平均射精量为5毫升（2～10毫升），精子密度平均为10亿个/毫升（2.5亿～20亿个/毫升）。

第二章 奶牛配种员须具备的基础知识

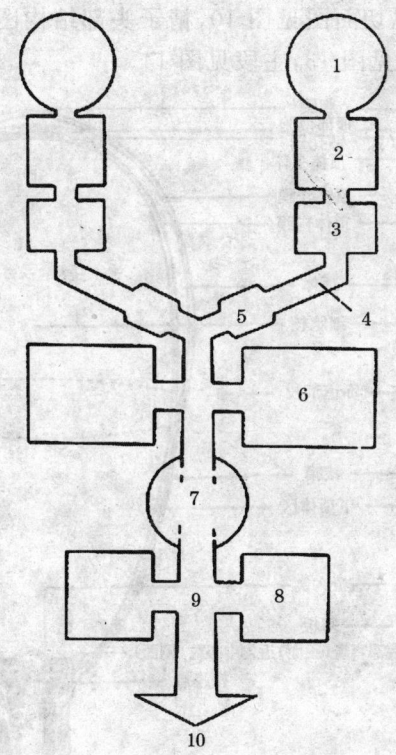

图9 精子的发生、成熟和射精过程示意图
1. 睾丸 2. 附睾头、体部 3. 附睾尾部
4. 输精管 5. 输精管壶腹 6. 精囊腺 7. 前列腺
8. 尿道球腺 9. 尿道 10. 精液

(2)精子的形态和结构 公牛的精子外形似蝌蚪,全长70微米左右,分头、颈和尾3部分。头部为扁凹的圆形,核占大部分,遗传物质集中于核内,核前部为顶体,与受精有密切关系。颈部是精子头和尾的结合部,比较脆弱,容易脱离。尾部是精子的运动器官,呈鞭毛状,分中段、主段和末段,中段是精子能量代谢的中心。

精子头部纵切面图见图 10,精子头部结构图见图 11,精子后部见图 12,中段见图 13,主段见图 14。

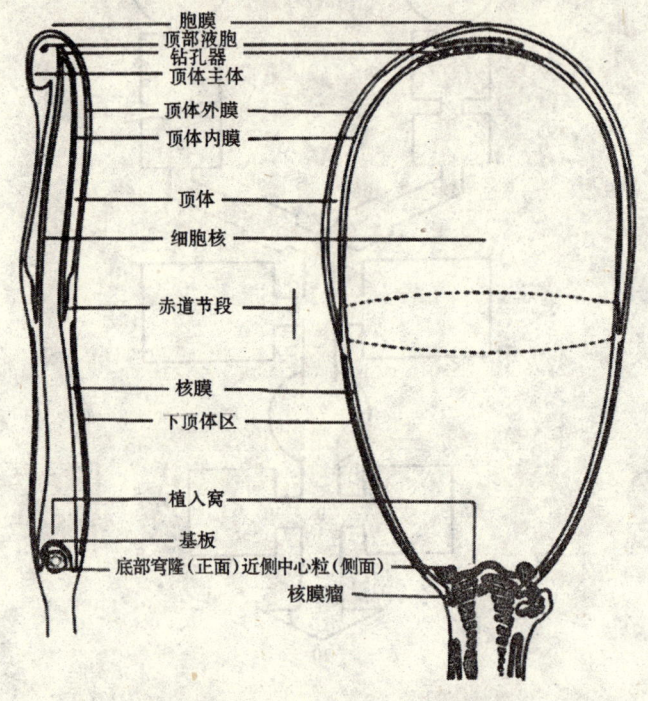

图 10　正常公牛精子头部的纵切面

(3) 精子的代谢　有 2 种形式。在无氧(或不需氧)条件下,精子可把精液或稀释液中的果糖或葡萄糖直接分解为乳酸,释放少量的能量,也叫精子的果糖酵解;在有氧条件下,即可进一步把乳酸分解(氧化)为二氧化碳和水,释放更多能量的代谢过程,也称有氧氧化。精子运动代谢所需的能量主要靠这两种形式提供。在周围环境缺乏单糖时,精子还可氧化其他物质乃至其自身(图 15)。

(4) 精子的运动　精子的运动形式主要有 3 种:直线前进,原

第二章 奶牛配种员须具备的基础知识

地摆动和转圈运动,其中直线前进为正常的运动形式。在流动的液体中,精子可逆流加速前进;在平静液体中,其运动方向则不固定。

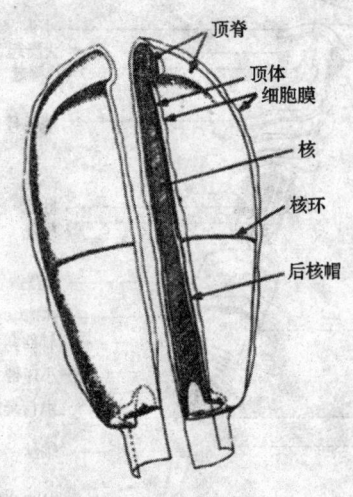

图 11 公牛精子头部结构

(5)环境因素对精子的影响

①温度:精子正常运动和代谢的温度为 37℃～38℃,当温度进一步升高时代谢会加速,运动增强,很快死亡。低温对精子的影响比较复杂:经稀释的精液,在 0℃～5℃低温条件下,运动和代谢维持极低的水平,可延长保存时间;用含抗冻剂的稀释液稀释,采用特定程序冷冻可使精子在-78℃～-196℃的条件下冻结后,长期保存。而不经处理的精液,突然降温,即使从 15℃至 10℃,也会导致精子不可逆的伤害,称为精子"冷休克"。但牛精子对"冷休克"尚具有较强的耐受力。

②渗透压:在高渗溶液中,精子内部水分向外渗出,造成精子脱水,干瘪或死亡;在低渗溶液中,溶液中的水分会向精子内部渗入,造成精子膨胀或死亡。精子最适宜的渗透压相当于 290～360

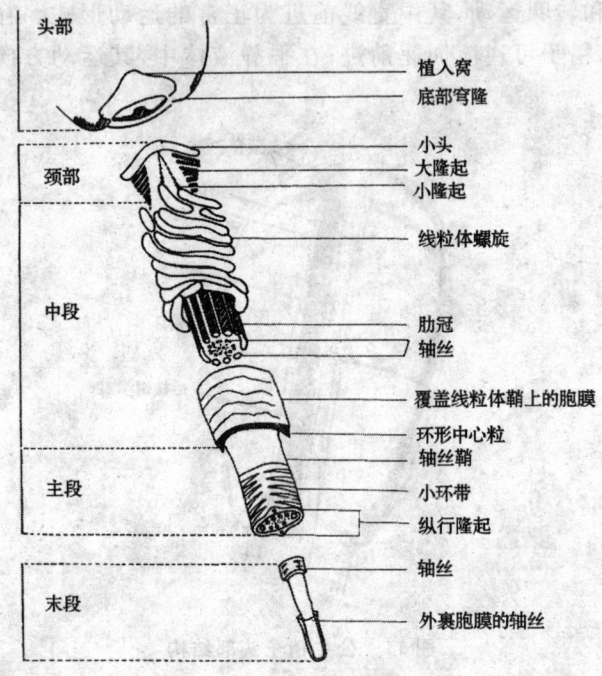

图 12　公牛精子后部主要部位

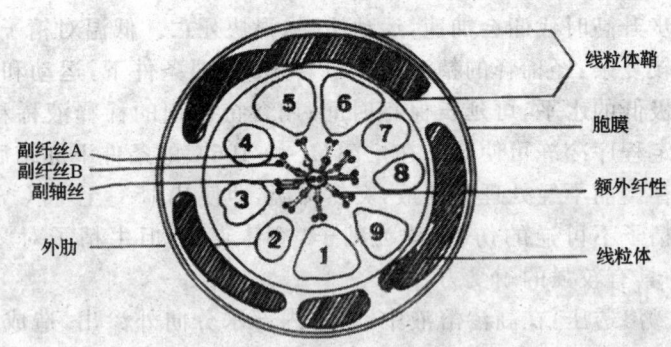

图 13　公牛精子中段水平切面

毫摩尔浓度。但冷冻保存用的稀释液却高于这个浓度范围,这与冷冻精液的特殊要求有关。

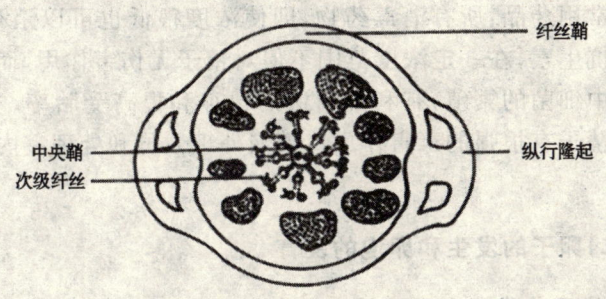

图 14　公牛精子主段水平切面

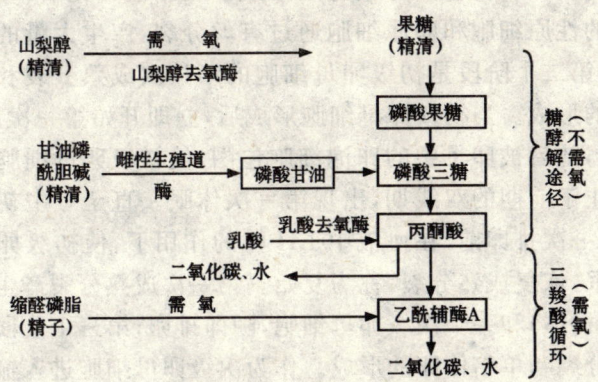

图 15　精子和精液中几种物质进行代谢的可能途径
(4种基质的来源以括号表示,终末产物是乳酸、二氧化碳和水分,不积累的中间产物框在方格内)

③酸碱度(pH 值):精子适宜的 pH 值为 6.9～7.5。在一定的范围内,弱酸环境对精子的运动和代谢有抑制作用,可延长精子的存活时间。碱性环境则加速精子的运动和代谢,缩短精子存活时间。酸、碱度超出其耐受范围都会使精子受到伤害或死亡。

④光照:直射阳光可加速精子的运动和代谢,不利于精子的存活。

⑤常用药品:所有消毒药物,即使浓度很低也可以杀死精子。而某些抗生素,在一定浓度范围不但对精子无伤害作用,而且可抑制精液中细菌的繁殖,有利于精液的保存和提高受胎率。吸烟的烟雾对精子有很强的毒害作用。精液处理人员和处理室内应严禁吸烟。

(二)卵子的发生和卵泡的发育

1. 卵子的发生 卵子的发生需经3个阶段:第一个阶段是卵原细胞的增殖和初级卵母细胞的形成。胚胎性分化后,雌性胎犊卵巢上的性原细胞和卵原细胞通过有丝分裂,产生大量的初级卵母细胞;第二个阶段是初级卵母细胞的第一次成熟分裂和次级卵母细胞的形成。当初级卵母细胞形成后,立即开始第一次成熟(减数)分裂,随后被卵巢中的卵泡细胞包围,使初级卵母细胞的成熟分裂停止于前期的双线期,出现第一次休眠。直至母牛初情期到来,即第一次排卵前,在血液中LH峰的作用下,使初级卵母细胞解除休眠,恢复成熟分裂,称为复始。第一次成熟分裂产生一个极体(第一极体)和一个次级卵母细胞,随即排卵;第三个阶段是第二次成熟分裂和单倍体卵的形成。作为次级卵母细胞进入输卵管的受精部位即开始第二次成熟分裂,并于中期休眠,等待精子入卵,直到精子进入透明带激活卵母细胞,才最后完成第二次成熟分裂,产生第二极体和单倍体的卵子,与精子受精(图16)。

2. 卵泡的发育 卵泡是同卵子发生和排卵密切相关的细胞集团,也是产生雌激素的主要部位。根据发育阶段,可分为原始卵泡、初级卵泡、次级卵泡、三级卵泡和成熟卵泡,各级卵泡的形态和体积差别很大,但其基本结构都是不同形态和数量的卵泡细胞包围着1个初级卵母细胞。由原始卵泡到成熟卵泡是一个渐进的发育过程。其中卵泡细胞由扁平、立方变为圆形,由一层变为多层;透明带逐渐形成;卵泡膜逐渐分化;卵泡腔及卵泡液逐渐增加;卵丘逐渐形成。牛的成熟卵泡直径为12~19毫米,成熟卵泡中的卵母细胞直到排卵前才恢复第一次成熟分裂。

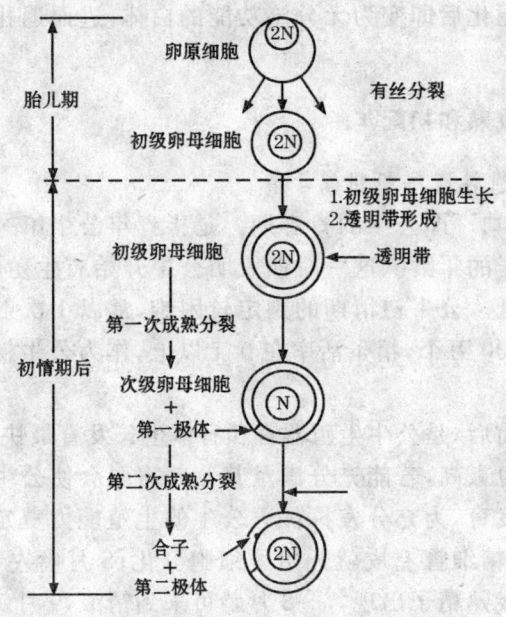

图16 母牛卵子发生的主要成熟阶段

3. 排卵和黄体的形成 卵泡成熟后,在LH、FSH和雌激素等一系列内分泌因素的调节下,首先出现卵丘游离。其中的初级卵母细胞恢复第一次成熟分裂,放出第一极体,形成次级卵母细胞。卵巢被膜局部破裂,卵泡壁自卵巢裂口处突出,形成乳头状排卵点,随后乳头突起破裂,包围卵子的卵丘随卵泡液流出,黏附于卵巢表面,被输卵管伞接纳,进入输卵管。牛排出的卵为次级卵母细胞,最外层是卵丘细胞构成的放射冠,向内依次是透明带、卵黄膜和卵的实质部。卵黄膜与透明带之间的间隙称为卵黄周隙,内有第一极体,这也是卵母细胞成熟的重要标志之一。

黄体是破裂排卵后的卵泡及卵泡壁转变而来的。牛成熟黄体的直径为20~25毫米,部分位于卵巢内部,另一部分突出于卵巢表面。黄体退化后即变为无分泌功能的白体,进而退化变为卵巢中的残迹。

(三)性成熟和初配年龄

1. 公牛的性成熟和初配年龄

(1)初情期　即公牛的青春期。是指青年公牛第一次排出有受精能力精子的年龄。这一时期表明公牛开始有生殖的能力,但生殖能力很低。公牛初情期的判定较困难,常以1次射精的总精子数达到5 000万个,精子活率在0.1以上,作为公牛初情期的参考标准。

初情期前后,是公牛生殖器官和身体生长发育最快的时期,对营养的需求也最高,若能充分满足其营养需要会使公牛睾丸和身体得到充分发育,为充分发挥优秀公牛的生殖能力奠定基础。公犊幼龄阶段,精细管上皮就开始了细胞分化;5月龄左右,精细管管腔开始有成熟精子出现,7~8月龄可采到精液,9月龄达到初情期,肉牛品种为10月龄左右。

(2)性成熟和初配年龄　继初情期以后,青年公牛生殖器官的功能不断发育、完善,具备正常的生殖能力,这一年龄段称为公牛性成熟期。公牛达到性成熟时,身体发育尚未完成,需经一定时间后才能达到体成熟。奶牛性成熟年龄为10~18月龄,水牛为16~30月龄。

初配年龄是根据公牛自身发育的情况和使用目的人为确定的配种年龄。考虑到青年公牛的身体发育和提高繁殖力的要求,初配年龄一般应确定在性成熟以后或接近体成熟的年龄阶段。对需

第二章　奶牛配种员须具备的基础知识

要做后裔测定的公牛,应根据需要适当提早。

公牛初情期和性成熟年龄受遗传、营养、个体和气候条件等方面的影响。遗传因素主要表现在品种和个体方面的差异,乳用品种的初情期一般为39周龄,而肉牛品种则为41~45周龄。牛的性成熟年龄为10~18个月;体成熟年龄为2~3年。

2. 母牛的性成熟和初配年龄

(1)初情期　是指青年母牛出现第一次完整发情和排卵的年龄。一般为6~12月龄,因品种和环境而异。同品种中,营养水平和体重对初情期有重要影响。

初情期是母牛具有繁殖能力的开始,也是身体和生殖器官发育最快的阶段。这一阶段要加强饲养管理,并做好公、母牛分群工作。

(2)性成熟和初配年龄　性成熟是指母牛生殖器官发育完全,具备正常繁殖能力的年龄。牛的性成熟年龄一般为8~14月龄。

母牛的配种年龄是根据自身发育情况和使用目的人为确定的。乳用品种,一般18月龄开始配种,做后裔测定的母牛可适当提早;肉用品种多采用季节繁殖方式,一般在24月龄左右才进行配种;农区黄牛与肉牛相似;牧区或山区营养差的母牛,多数要到3岁才能配种。加强饲养管理水平,可使配种年龄提前。

(四)母牛的发情和排卵

1. 发情　是育龄空怀母牛与排卵密切相关的周期性生殖生理现象。完整的发情应具备以下4方面的生理变化。精神状态的变化为兴奋、敏感、活动增强,食欲减退,产奶高峰期母牛产奶量下降;外阴部和生殖道的变化为阴唇充血肿胀,有黏液流出,阴道黏膜潮红滑润,子宫颈口开张;性欲表现为愿意接近公牛,爬跨其他母牛,接受公牛和其他母牛的爬跨;卵巢变化为卵泡迅速发育并成熟和排卵。

在某些生理和病理情况下,也会出现上述生理表现不完整的异常发情。例如,安静发情:卵巢上有成熟卵泡并排卵,但无其他外部表现;无排卵发情表现为有发情表现,但不排卵,甚至卵巢无成熟卵泡。上述情况会干扰对母牛的发情鉴定和配种。

2. 发情周期 发情是有规律的周期性生殖生理现象,两次相邻发情或排卵间隔的时间为发情周期。每个发情周期可人为地分为4个阶段:第一个阶段是发情前期,上周期卵巢上功能黄体已退化,将要排卵,此时卵泡迅速发育,其他发情表现相继出现,但不接受公牛或母牛爬跨;第二个阶段是发情期,卵泡成熟,随后排卵,其他表现进一步加强,性欲明显,接受公牛和其他母牛爬跨是最显著的特点;第三个阶段是发情后期,母牛已经排卵,黄体正在形成,其他表现开始消退;第四个阶段是间情期,是周期黄体的功能期,母牛一切恢复正常状态,卵泡发育缓慢或停止发育,并伴随卵泡的退化和闭锁。

发情周期的长短通常以两次发情间隔的天数或相邻两次排卵间隔的天数来表示。一般把发情当天记为0天,也就是上周期的最后1天。牛的发情周期平均为21(18~24)天。发情周期的长短与品种间差异不大,但受年龄影响较大,青年母牛平均20天,成年母牛21天。

3. 发情持续期 对母牛来说以接受爬跨持续的时间是最有实用意义的衡量标准。牛的发情持续期平均为15~20小时,青年牛15.3小时,成年母牛17.7小时。发情持续期的变异范围很大,青年母牛83%分布在10~24小时,成年母牛93%分布在13~27小时。品种间也存在差异,乳用品种13~17小时,肉用品种13~30小时。

4. 排卵时间 采用每间隔一定时间做直肠检查,直至排卵的测定方法,以发情开始到排卵间隔的时数或发情结束到排卵发生间隔的时数来表示。生产中是根据发情出现的时间来估计排卵时间和确定适宜的输精时间。牛的排卵时间范围(自发情开始至排卵的时间)为 21~35 小时。营养状况正常的母牛其范围较集中，营养状况较差的母牛则相对分散。若依发情结束后计算，排卵通常发生在发情结束后 10~12 小时。

5. 产后发情 指母牛产后第一次正常发情出现的时间。乳用品种，产后常会出现一次安静发情，只排卵而无发情表现，一般出现于产后 20(10~40)天；第一次正常发情配种的时间为产后 35(20~70)天。肉用品种，产后很少有安静发情现象，产后平均 65(40~110)天发情配种。黄牛与肉牛相似，但相当数量因营养不足或犊牛吮乳的影响，黄牛当年不再发情。

6. 发情周期中母牛的主要生理变化

(1) 卵巢的变化　母牛发情周期中，卵巢也有相应的周期变化，称卵巢周期。这是发情周期生理变化的基础。卵巢周期可分为黄体期和卵泡期 2 个时期。

① 黄体期：自排卵后黄体形成到黄体退化，相当于发情后期和间情期。这一时期，以黄体活动为主。排卵后形成黄体，开始生长并分泌孕激素，排卵后 9~10 天达最大体积(直径 20~25 毫米)，分泌功能也达高峰。若母牛未孕，黄体维持最大体积和功能只有数日，到排卵后 14~15 天开始退化，血中孕酮浓度急剧下降，黄体体积迅速缩小。牛的黄体期为 16~17 天。在黄体期，机体处于高浓度的孕激素控制，尽管卵巢上可能出现较大卵泡和正在发育的卵泡，但不可能成熟排卵，也不会发情，并伴随部分卵泡的退化和闭锁。

② 卵泡期：自上周期黄体退化到本周期的卵泡成熟排卵，相当于发情前期和发情期。上周期黄体退化后，卵巢上有 1~2 个卵泡迅速生长，2~3 天内达成熟，母牛表现发情，随后排卵。卵泡期一般为 5~6 天，成熟卵泡直径 12~19 毫米。在卵泡期，卵泡在成熟过程中大量分泌雌激素，机体在雌激素控制下，母牛进入发情状

态,卵泡迅速成熟、排卵。

(2)血液中主要生殖激素的变化 母牛在发情周期中,血液中几种主要生殖激素浓度会出现很大的波动。

①孕激素:在黄体期,血中孕激素维持在峰值水平。黄体退化后孕激素迅速降至基础水平。高水平的孕激素通过负反馈抑制下丘脑 GnRH 和垂体 LH、FSH 的分泌,致使黄体期卵泡不能成熟和排卵,也不表现发情。卵泡期孕激素水平最低。

②雌激素:在卵泡期雌激素出现一个高峰。在黄体期,雌激素也有小的波动。卵泡期,由于孕激素下降,负反馈抑制作用消除,使下丘脑 GnRH 和垂体 LH、FSH 分泌加强,卵泡迅速发育成熟,同时分泌大量雌激素,形成雌激素峰。母牛排卵前,高浓度的雌激素对下丘脑和垂体的正反馈作用,促使 LH 和 FSH 的大量释放,导致 LH-FSH 排卵峰的形成。

(3)促黄体素和促卵泡素 继雌激素峰之后,血中 LH 和 FSH 同时形成峰,即 LH-FSH 排卵峰,引起母牛排卵。母牛一般在 LH-FSH 峰形成后 24 小时排卵。在其他时间,LH 和 FSH 处于基础水平。

(五)适时配种

只有适时配种,才能够保证母牛的受胎率。发情鉴定是适时配种及提高家畜受胎率的一项重要技术。因此,对母畜发情与否,输精是否适时,都要做出正确判定。这套技术称为发情鉴定,常采用外部观察,阴道检查,直肠触诊和试情等方法进行。

1. 外部表现与阴道检查

(1)发情早期 达到性成熟尚未妊娠的母牛每 18~24 天有 1 次发情。卵巢上有 1 个优势卵泡开始发育,此期母牛出现最早的发情表现,持续时间为 6~24 小时。其表现大致如下:母牛外阴部湿润且有轻度肿胀,食欲不佳,常有几声哞叫,不安,追随其他母牛,嗅闻外阴部,并企图爬跨,但不愿接受别的牛爬跨。

(2)站立发情期　由发情早期进入站立发情阶段,一般为6~18小时。其表现为,阴门红肿,由阴道中流出牵缕性强的透明黏液,愿意接受其他牛的爬跨,是这一阶段的最明显的特征。此阶段母牛表现食欲差,不停哞叫,目光锐利,两耳直立,走动频繁,伴有体温升高。以手按压十字部,母牛表现凹腰,高举尾根部。有时因接受爬跨,致使尾根部被毛蓬乱。此阶段输精比较适时。

(3)发情后期　继站立发情阶段后,一部分母牛仍继续表现发情行为。这一阶段可持续17~24小时。其主要表现为黏液量减少,白而浑浊,有干燥的黏液附于尾部。发情母牛被其他母牛闻嗅或有时闻嗅其他母牛,但不大愿意接受其他母牛爬跨。同时外阴部的充血肿胀度明显消退,以后母牛恢复正常,如其他牛跟随,母牛拒绝接受爬跨。

2. 母牛阴道黏液的检查　发情母牛的黏液在阴道内测定pH值为6.57左右,而取出在试管内测定时则pH值为7.45左右。将子宫颈的黏液取出,涂片,于显微镜下观察,处于发情盛期时,抹片呈羊齿植物状结晶花纹。发情末期抹片的结晶结构较短,呈现金鱼藻或星芒状(图17)。

3. 直肠检查　由于牛的发情期较短,经验不足者一般不易掌握此法。当出现安静发情,以及其他不完全发情的情况下,或遇到情况不明的牛,可采用直肠检查,卵巢触摸方法确定是否发情。

牛的卵泡发育可分为4期:

(1)卵泡出现期　卵巢稍增大,卵泡直径0.5厘米左右,触诊时为软化点,波动不明显,此时相当于发情的早期阶段,一般持续6~12小时。

(2)卵泡发育期　卵泡进一步发育,直径达到1~1.5厘米,呈小球形,部分突出于卵巢表面,波动明显。此时相当于发情盛期阶段,一般持续10小时左右。

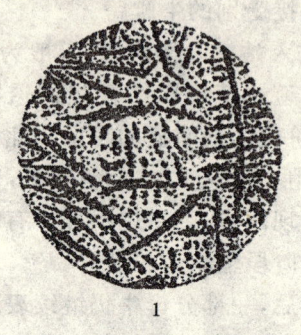 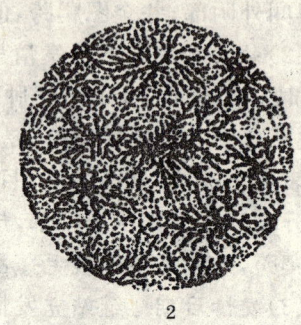

图 17 发情母牛子宫颈黏液抹片的结晶花纹
1. 抹片呈羊齿植物状结晶花纹(发情盛期)
2. 抹片的结晶结构较短,呈现短金鱼藻或星芒状(发情末期)

(3)卵泡成熟期 卵泡不再增大,泡液增多,卵泡壁变薄,紧张而有弹性,有一触即破之感,一般持续12小时左右。

(4)排卵期 卵泡破裂,卵泡液流出,形成一个小的凹陷,触之有两层皮之感。排卵后6~10小时凹陷消失,黄体开始生成,有别于卵泡,触之有肉样感觉,成熟黄体的直径约2厘米。

4. 试情法

(1)输精管结扎公牛试情法 此方法适应于放牧饲养的牛群,白天放牧时,将输精管结扎的试情公牛放入母牛群中,根据公牛追逐爬跨母牛情况及母牛反应,综合判断发情的程度和输精时间。

(2)发情测定器法

①颌下钢球发情标志器:本装置是由一个具有钢球活塞阀的球状染料贮库,固定于皮革笼头上,染料贮库内装有一种有色染料。用时将装置系在试情公牛或用雄激素处理的母牛颌下,当它爬跨发情母牛时,活动阀门的钢球碰触母牛的背部,于是贮库内的染料流出,印在母牛的背部,根据此标志,便可得知该母牛发情(被爬跨)。

②卡马氏发情爬跨准测器:本装置是由一个装有白色染料的胶囊构成。用时先将母牛尾根上的皮毛洗净并梳刷,再将此鉴定器黏着于尾根上,注意胶囊箭头要向前,不要压迫胶囊,以免引起染料变红。当母牛发情时,试情公牛便爬跨其上,施加压力于胶囊上,最少需加压 3 秒钟,胶囊内的染料才会由白色变为红色,于是根据颜色的变化程度便可推测母牛接受爬跨的安稳程度。但是,当牛群放牧于灌木林时,牛体往往会摩擦灌木,就不宜用此器。

此外,还可用白粉或粉笔涂擦在母牛的尾根上,母牛发情时,公牛爬跨其上而将粉擦掉,由此可确定母牛已发情。

(六)妊娠及诊断

1. 妊娠 妊娠是母牛为受精卵发育、胎儿生长及准备分娩所具有的生理过程。妊娠过程中母牛和孕体都发生一系列变化,相互之间维持着一种十分复杂的生理关系。

(1)胚胎的早期发育

①卵裂期:指早期胚胎在透明带内发育的生理阶段。合子一旦形成立即进行有丝分裂,尽管细胞数目增加很快,但总体积无明显增大,与单细胞卵相当。此阶段胚细胞尚未出现形态上的分化。一般把 32~64 细胞阶段称为桑椹胚。牛排卵后 4~5 天,胚胎达到 16 细胞并进入子宫;5~7 天达到桑椹胚阶段。

②囊胚期:囊胚阶段胚胎细胞一般在 64 个以上,细胞已开始最初分化,出现滋养层和内细胞团两部分。囊胚腔出现,体积迅速增大,最后突破透明带,游离于子宫中,此过程称为"孵化"。牛排卵后 7 天形成囊胚,8~10 天孵化。

③原肠胚期:在孵化囊胚的基础上继续发育,胚细胞分化为内、外 2 个胚层,称为原肠胚。进而出现中胚层,中胚层再度分化体壁中胚层和脏壁中胚层。3 个胚层的形成,奠定了胎膜和胎犊各器官系统分化和发育的基础。

(2) 胚胎的附植　进入子宫的胚胎,开始呈游离状态,同子宫内膜尚未建立固定的联系。此时,可在子宫内游动,称为胚胎游离期。附植(着床)是个渐进的过程,起初只是简单的附着,进而引起局部子宫内膜的轻度浸蚀,最后才形成胎盘。牛排卵后 28~32 天,胚胎才在排卵侧子宫角下部的内膜处固定下来。附植是胚胎的位置固定下来,胚胎的滋养层与子宫内膜建立组织和生理联系的过程。排卵后 40~45 天才最后完成附植。

(3) 胎膜和胎盘　胎膜、胎盘和脐带,是胎犊的临时器官,出生后即被废弃。对正在发育的胎犊来说,胎膜具有营养、呼吸、代谢、循环、排泄、内分泌、免疫、机械保护等多种生理功能,为胚胎的发育提供了全面的保障。

①胎膜:即胎犊附属膜。包括卵黄膜、羊膜、尿膜、绒毛膜。其中卵黄膜只在胚胎早期有一定作用,待其他胎膜发育成熟后即自行退化。

羊膜构成羊膜囊,其中充满羊水,胎犊悬浮在羊水中,对胎犊有保护作用。

尿膜形成尿膜囊,以脐尿管(包在脐带中)与胎犊膀胱相连,尿囊内充满以胎犊尿液为主要成分的尿囊液。牛的尿膜囊包在羊膜囊下半区的外周。

绒毛膜包在整个羊膜囊和尿膜囊的外面,是构成胎犊胎盘的主要部分。其上面的绒毛与子宫内膜的子宫阜共同构成胎盘。

不同胎膜间彼此接触的部分,愈合成复合的胎膜。牛形成尿膜——羊膜、羊膜——绒毛膜、尿膜——绒毛膜 3 种复合胎膜。

牛怀双胎时,两个胎犊的尿膜——绒毛膜相互愈合,致使尿膜——绒毛膜的血管出现吻合支,血流互通。导致不同性别胎犊间发生血液交流,把雄犊含有雄性决定基因的 Y 染色体带入雌犊体内,从而干扰雌性生殖器官的发育,使母犊出现两性嵌合体。这是造成牛异性孪生母犊不育(90%以上)的根本原因。异性孪生的

第二章 奶牛配种员须具备的基础知识

公犊则不受影响。

②胎盘：胎盘是指胎膜的尿膜、绒毛膜和妊娠子宫黏膜共同构成的复合体，前者为胎犊胎盘，后者为母体胎盘，胎犊和母体都有血管分别分布到胎犊胎盘和母体胎盘上。胎盘是母体和胎犊之间进行物质交换的枢纽，也是母体和胎犊间重要的生理屏障。

胎盘的结构和对分娩的影响：牛的胎盘相对集中成丛状，形成子宫阜，称子叶胎盘。在母体胎盘部分子宫阜上，子宫内膜下陷成许多腺窝，表面为单层上皮，其下为结缔组织和毛细血管网。作为胎犊胎盘的绒毛自外向内也有与母体胎盘相似的3层组织。母牛妊娠2个月左右，胎犊胎盘的绒毛逐渐嵌入母体胎盘的腺窝中，在妊娠4个月后母体子宫腺窝部分的表层上皮脱落，使胎犊胎盘的绒毛上皮直接与子宫腺窝的结缔组织层相接触，组织学上也称为结缔组织—绒毛胎盘。这种结构使母体和胎犊间联系较紧密，分娩过程中不会轻易脱落，即使分娩过程延长，也不易造成胎犊的窒息。但这种结构，也会造成分娩过程中，胎犊胎盘脱落时出现子宫内膜的损伤出血，产后需要较长的恢复期；也容易造成胎衣不下。

胎盘循环：胎犊阶段，胎犊的气体交换、营养吸收和代谢废物的排出，都要通过胎盘与母体进行交换来完成。所以胎犊循环，实质上是胎犊同胎盘间的循环。胎犊心脏及血管系统存在某些结构上的特点，胎犊左心房同右心房并联，左心室同右心室并联，好像只有1个心房和1个心室在工作。回到胎犊心房的静脉血有2个来源：其一是来自胎犊各器官系统的"陈旧"血液，其二为来自胎盘的"新鲜"血液；它们在心房混合后进入心室，再由心室把混合血液加压泵至胎犊各器官系统和胎盘系统（同母体进行气体和物质交换）。胎犊连接胎盘的血管为脐动脉和脐静脉。它们离开胎体后，经脐带、尿膜以细小分支的形式到达胎犊的每个胎盘，形成毛细血管网，并使动脉和静脉毛细血管网汇合。在胎犊胎盘和母体胎盘之间进行物质和气体交换，实现胎盘对物质的转化和转运功能。

由于胎犊和母体血流的隔离及其他有关机制,使胎盘成为胎犊和母体间重要的生理屏障,对胎犊具有特殊保护作用。

③脐带:是连接胎犊和胎盘的纽带。其外膜由羊膜构成,中间为脐动脉、脐静脉和脐尿管。

(4)妊娠期胎犊的生长发育 胎膜系统和胎犊器官系统都是由胚胎早期的内、中和外3个胚层分化和发育而来的。妊娠16天,胎膜和胎体的分化完成;妊娠33天,胎犊开始附植;妊娠36天,胎膜发育完全;妊娠60天,胎盘形成;妊娠16~60天,胎犊各器官系统分化、形成;妊娠60天胎犊完全成形,体腔合拢,眼睑闭合,体长不足10厘米,体重10克左右;妊娠150天,眼眶和口鼻周围出现毛丛,牙齿长出,体长30厘米,体重2 000克左右;妊娠180天,体长50厘米左右,体重3 000克左右;妊娠240天,全身被毛,体长80厘米,体重18 000克;妊娠270~280天,胎犊成熟,体长90厘米左右,体重20 000克左右。在前6个月,胎犊生长缓慢,妊娠期的最后3个月生长速度最快,初生体重的80%~90%是在这3个月完成的。

(5)妊娠母牛的生理变化

①妊娠的建立和维持:母牛从周期发情状态转变为妊娠状态,这一生理状态的转变称为妊娠的建立。对哺乳动物来说,妊娠建立有2个标志:胚胎的附植和周期黄体转变为妊娠黄体。但对于牛来说,由于胚胎附植的时间较晚,都是在建立妊娠之后才引起附植。因此,牛妊娠建立的标志只有黄体的转化。母牛发情排卵后,若没能妊娠,所产生的周期黄体只保留14~15天即开始退化,随后母牛进入发情前期;如果妊娠,周期黄体将转变为妊娠黄体,并维持到妊娠末期。早期胚胎的内分泌因素是引起黄体转变的内在原因。排卵后13~16天,牛胚胎会产生1种胚胎激素,这是一种类似hCG的物质,可促进黄体的功能,防止黄体退化。此外,牛胚胎还可产生大量的孕酮,阻止子宫内膜产生的溶黄体物质$PGF_{2\alpha}$

第二章　奶牛配种员须具备的基础知识

向卵巢运送溶解黄体。

母牛妊娠后，血中孕酮浓度一直维持在极高的水平，到分娩前下降。妊娠期间，来自卵巢和胎盘高浓度的孕酮和来自胎盘适量的雌激素是维持和发展妊娠状态的内分泌基础。

②母牛生殖器官的变化主要表现在以下几个方面：卵巢周期黄体变为妊娠黄体，并一直存在到分娩，母牛的发情停止；随妊娠的进展，子宫通过增生、增长和扩展等方式逐渐扩大其容积。附植前，子宫内膜层血管分支增加，子宫腺向深层发展，盘曲增加。附植后，子宫开始生长，肌层增厚，结缔组织增加。随孕体（胎犊、胎膜和胎水总称）的增长，子宫容积扩大，子宫壁变薄。子宫的生长和扩展先从孕角和子宫体开始，再向子宫角扩展。胎犊的不断增大，子宫容积和重量的增加，使整个子宫逐渐垂入腹腔。随妊娠的发展子叶胎盘由小到大，最后达鸡蛋大小；妊娠后子宫颈收缩，颈管紧闭，形成黏液栓，进而子宫颈随子宫下垂前移，最后进入骨盆腔；子宫动脉随妊娠进展增粗，血流量增加，妊娠 4～5 个月出现特异妊娠脉搏；妊娠中期，乳房开始增大，青年母牛更为明显；妊娠末期，乳房出现水肿；因子宫垂入腹腔，阴道被拉长。阴道黏膜苍白，干涩。妊娠中期，阴门出现水肿。

2. 妊娠诊断　母牛配种后，如能尽早进行妊娠诊断，对于保胎、减少空怀和提高繁殖率是非常重要的。简便有效的妊娠诊断方法，尤其是早期妊娠诊断方法，一直是养牛生产中亟待研究的问题之一。经过妊娠检查，确定已经受胎的母牛，要按孕牛对待，加强饲养管理，而未受胎的牛只，可以及时找出原因，尽早采取措施复配。

对于适配的奶牛群来说，如早期妊娠诊断技术跟不上，极易造成发情母牛的失配和已妊娠母牛的误配，从而延长产犊间隔。只要失误 13.5 个发情周期（283 天），就相当于少产 1 头犊牛，以致损失 1 个泌乳期的泌乳量。在实践中妊娠诊断方法虽然很多，但目前应用最普遍的还是外部观察法和直肠检查法。

（1）外部观察法　妊娠后的母牛，一般外部表现为：周期发情停止，食欲增强，被毛光泽，行为谨慎安稳，性情变得温驯。妊娠至5个月左右，腹围增大，且不对称，右侧腹壁突出，乳房胀大。8个月以后可见胎动。这时隔着腹壁用手可触摸到胎犊。

另外，在配种后，观察母牛是否再发情，统计60天，90天或120天不返情率（不发情母牛数占配种母牛数的百分数）来估计母牛群的受胎情况。

（2）直肠检查法　直肠检查法是判断奶牛是否妊娠的最基本而可靠的方法。依据卵巢上黄体、子宫形态和质地、子宫动脉情况综合判断（表2）。

表2　母牛妊娠各月份生殖器官变化情况

妊娠期	卵巢	子宫	子宫动脉
1月	孕角卵巢体积增大，黄体明显	角间沟仍明显，孕角稍粗，变软，内有液体感，收缩反应减弱或消失	
2月	孕角卵巢位置前移至骨盆腔入口前缘处	位于耻骨前下方，角间沟不清楚；孕角比空角粗1倍，子宫角软且有波动感	
3月	孕角卵巢沉入腹腔，不易触及	子宫颈前移至耻骨前缘处，子宫孕角呈软圆袋状，垂入腹腔，波动感明显，有时可触及悬浮在其内的胎，子宫体可触及子叶	
4月	两侧卵巢均沉入腹腔，不易触及	子宫颈移至耻骨前缘前方，子宫体增大，沉入腹腔底，不易摸到，子宫壁薄，波动明显，子叶如卵巢大	孕侧子宫动脉出现妊娠脉搏，但不明显

第二章 奶牛配种员须具备的基础知识

续表2

妊娠期	卵巢	子宫	子宫动脉
5月	两侧卵巢均沉入腹腔,不易触及	子宫体积和子叶都进一步增大,在骨盆入口前缘下方可摸到胎,子宫颈在耻骨前缘前下方	孕侧子宫动脉出现明显妊娠脉搏
6月	两侧卵巢均沉入腹腔,不易触及	因位置低,摸不到胎,子叶大如鸽蛋,子宫颈在腹腔内	空角侧子宫动脉有微弱妊娠脉搏
7月	两侧卵巢均沉入腹腔,不易触及	易摸到胎,子宫颈在腹腔	空角侧子宫动脉、妊娠脉搏明显
8月	两侧卵巢均沉入腹腔,不易触及	子宫颈回至骨盆入口,子叶如鸡蛋大	孕角中动脉、妊娠脉搏明显
9月	两侧卵巢均沉入腹腔,不易触及	子宫颈回到骨盆腔内	两侧子宫动脉、妊娠脉搏明显

此方法在整个妊娠期间均可应用,并可较准确地判定妊娠的大体月份、孕畜的假发情、假妊娠、一些生殖器官疾病以及胎儿的死活。其诊断依据是妊娠后母牛生殖器官的一些变化。这些变化要随着妊娠时间的不同而有所侧重,如妊娠初期,要以子宫角的形状、质地变化为主;当胎胞形成以后,即以胎胞的发育为主;当胎胞下沉不易摸到时,可以卵巢位置及子宫动脉的妊娠脉搏为主。

配种后19~22天,不能摸到胎胞,子宫的变化也不明显,如果前次发情排卵处有发育成熟的黄体,疑为妊娠。妊娠30天,两侧子宫角不对称,孕角稍增大变粗,松软,有液体波动感,孕角最膨大部子宫壁显著变薄,弯曲度变小,而空角仍维持原有状态。妊娠60天,孕角比空角约粗2倍,孕角有波动,角间沟稍平坦,子宫角开始下垂,但仍可摸到全部子宫。妊娠90天,孕角有婴儿头至排球大小,有明显的波动感,角间沟完全消失,空角比平时增大约1

倍,子宫开始沉入腹腔。孕侧子宫动脉根部开始出现微弱的妊娠脉搏。妊娠120天,子宫全部沉入腹腔,子宫颈已越过耻骨前缘,一般只能摸到子宫的背侧及该处的子叶,如黄豆至蚕豆大小。此时也能摸到胎。子宫动脉的妊娠脉搏明显。2个卵巢彼此靠近,一手同时可以摸到2个卵巢。妊娠150天后,子叶逐渐增大如鸡蛋,可明显的摸到胎活动情况。

寻找子宫动脉的方法是,手伸入直肠,手心朝上,贴着骨盆顶部向前滑动,先摸到腹主动脉末端的两条分支,即为髂内动脉,再沿正中的腹主动脉向前摸到第二个分支髂外动脉,在髂外动脉的基部,可以摸到由该处分出来,走向子宫阔韧带的子宫动脉(图18)。

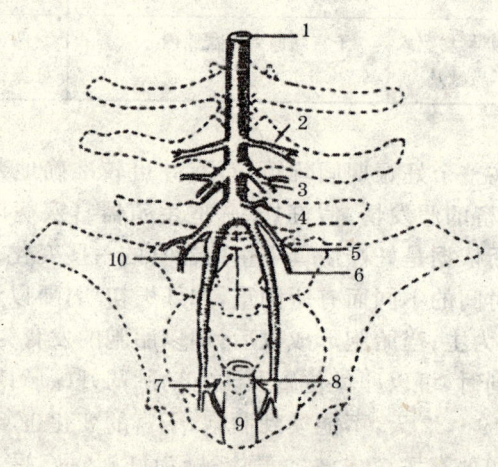

图18 母牛子宫动脉的起点
1. 腹主动脉 2. 卵巢动脉 3. 髂外动脉
4. 肠系膜后动脉 5. 脐动脉 6. 子宫动脉
7. 尿生殖动脉 8. 尿生殖动脉子宫支 9. 阴道 10. 髂内动脉

(3)超声波探测法　超声波诊断是利用超声波的物理特性和动

物组织结构的声学特点密切结合的一种物理学检测方法。国内外研制的超声波诊断仪有多种,目前,国内试制的有 2 种:一种是用探头通过直肠探测母牛子宫动脉的妊娠脉搏,并由信号显示装置发出的不同的声音信号,来判断妊娠与否。另一种是探头自阴道插入,显示的方法有声音、符号、文字等形式。测定结果表明,妊娠 30 天内可探测出子宫动脉反应,40 天以上者可探测出胎心音,准确率较高。但有时也会因子宫炎症等因素干扰测定结果而出现误诊。

若采用较精密的 B 型超声波诊断仪检测,其探头放置方法同前述。通过显示屏可清楚地观察胎胞的位置、大小,且可以定位照相。通过探头的方向和位置的移动,可见到胎各部的轮廓,心脏的位置及跳动情况,单胎或双胎等,以做出正确的判断。

(4)血或奶中孕酮水平测定法　配种后如果妊娠,在下一个发情周期前后的母牛,血液中孕酮含量较未孕母牛显著增加。利用此点可做早期妊娠诊断,用放射免疫法或蛋白竞争性结合法测定血浆(或乳汁、乳脂)中的孕酮含量,以判断是否妊娠。孕酮极易溶解在乳脂内,每一单位容量的乳中孕酮浓度高于血浆或血清,同时由于生产中收集乳样较采血方便,故多采用乳样测定孕酮含量。在配种后 19~24 天,以免疫法测定,若奶牛每毫升乳汁孕酮含量大于 7.0 纳克为妊娠,小于 5.5 纳克为未孕,介于 5.5~7.0 纳克为可疑。每毫升乳脂中孕酮的含量如大于 200 纳克为妊娠,小于 100 纳克为未孕,100~200 纳克为可疑。

五、繁殖障碍疾病

(一)假发情

所谓"假发情",是外表有发情、爬跨的假象,但实际上却没有卵泡发育和排卵的发生。假发情有 2 种情况:有的母牛在妊娠 4~

5个月突然有性欲表现,爬跨其他牛,或接受爬跨,但检查阴道时,子宫颈口收缩,无发情黏液,直肠检查可摸到胎犊;有些卵巢功能不全的青年母牛和患有子宫或阴道炎症的母牛,虽有发情表现,但检查卵巢,无卵泡发育,也不排卵。上述两种情况,在发情鉴定时都应引起注意。前者容易误配,引起流产,后者则屡配不孕,都会造成损失。

母牛出现假发情的原因可能是因为受胎后黄体分泌孕酮功能不足和性腺继续分泌雌激素所致;或因妊娠后,子宫中动脉显著肥大,搏动力强,胎盘绒毛膜生长以及胎动等刺激而引起;或因患阴道炎和尾根部有癞皮病的母牛,在运动场和放牧时被其他牛爬跨安静不动,好似发情一样。前两种原因引起的都出现爬跨别的母牛的现象。假发情母牛黏液量少,回牛舍倒卧后没有黏液流出,直肠检查压迫阴道也没有黏液流出。外阴肿胀不明显且很快就消失,检查卵巢无发育成熟的卵泡。假发情母牛在牛群中为数不多,但应注意检查,以免因错配而引起流产。

(二)安静发情

安静发情又称安静排卵,即母牛无发情征状,但卵泡能发育成熟并排卵。母牛分娩后第一个发情周期以及带仔的牛或者每日挤乳次数多的母牛,年轻或体弱的母牛均易发生安静发情。当连续两次发情的间隔时间相当于正常间隔的2倍或3倍时,即可怀疑中间有安静发情。造成安静发情的原因可能是由于生殖激素分泌不平衡所致。例如,当雌激素分泌量不足时发情表现不明显,有时虽然分泌量没有减少,但由于母牛个体间对激素刺激发情表现所需的雌激素阈值不同,有些个体所需的阈值较大,虽然分泌量不少,但仍未到达阈值,故发情征状不明显或没有发情表现。促乳素分泌量不足或缺乏,引起黄体早期萎缩,使孕酮分泌量减少,下丘脑对雌激素的敏感性降低,也会引起安静发情。

(三)卵巢囊肿

1. 类型 卵巢囊肿分为卵泡囊肿和黄体囊肿。卵泡囊肿是由于发育中的卵泡上皮变性,卵泡壁结缔组织增生,卵细胞死亡,卵泡液被吸收或者增多而形成。黄体囊肿是由于未排卵的卵泡壁上皮发生黄体化,或者排卵后由于某些原因而黄体化不足,在黄体内形成空腔而形成(图19)。

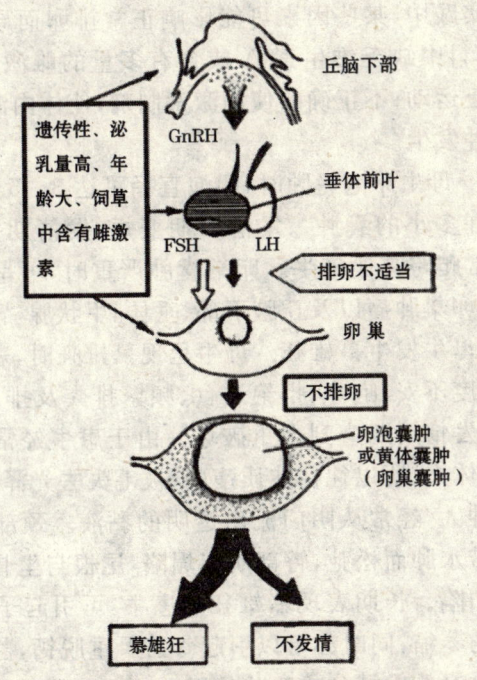

图19 母牛卵巢囊肿的类型及行为表现
(由于分泌LH不足而引起不排卵和形成卵泡囊肿或黄体囊肿)

卵泡囊肿较黄体囊肿多发。卵巢囊肿最常见于2~5胎的母牛,尤其是高产牛的前几个月的泌乳期间。

2. 病因 卵巢囊肿的发生原因,究竟是由于外界因素的影响不排卵、肾上腺皮质功能亢进,还是丘脑下部—垂体—卵巢之间的关系扰乱,抑制了 LH 的分泌,尚未确定。但在卵巢囊肿的治疗中,应用高剂量的 LH 获得某些成功,从而证明了本病与 LH 的不足有关。据观察,患卵巢囊肿的母牛所生的后代母牛,卵巢囊肿的发病率比正常牛的后代高,这说明,本病具有遗传性。

在生产实践中,某些因素可能影响正常排卵而导致卵巢囊肿的发生,如饲料中缺乏维生素 A 或含有多量的雌激素;饲喂精料过多而又缺乏运动;不正确的使用激素制剂,使体内激素水平失调也可引起囊肿发生。

3. 征状 母牛卵泡囊肿时,卵泡直径可达 3～5 厘米,有时发现卵巢上有许多小的囊肿。发情周期变短,发情期大为延长,哞叫、不安,经常爬跨其他母牛。卵巢囊肿严重时,可呈现慕雄狂征状。卵巢炎、卵巢肿瘤以及丘脑下部、垂体、甲状腺、肾上腺的功能紊乱,也可使母牛发生慕雄狂。母牛呈现慕雄狂时,表现出强烈的发情行为、极度不安、咆哮、拒绝进食、频繁排粪及排尿、追逐和爬跨其他母牛,发情周期遭到严重破坏。由于患牛经常处于兴奋状态,过度消耗体力,所以往往体质瘦削、被毛失去光泽,产奶量明显下降。阴门肿大,经常从阴门流出透明的黏液。颈部肌肉逐渐增厚。荐坐韧带水肿而松弛,臀部肌肉塌陷,尾根与坐骨结节之间出现一个深的凹陷。长期表现慕雄狂的患牛,可引起子宫内膜的变性及子宫肌的萎缩,同时亦可以引起骨骼严重脱钙,甚至在追逐或爬跨其他母牛时造成骨盆或四肢骨折。

母牛患黄体囊肿时,一般情况是缺乏性欲,长期不发情。直肠检查时,囊肿黄体显著增大。

4. 治疗 对卵巢囊肿的病例治疗越早,预后越好。在患病后 6 个月内治疗时,90% 的病例可望治愈;而在患病后 6～12 个月治疗时,只有 60%～70%的治愈效果。通常一侧比两侧较易治疗。囊肿的大小和症状表现强烈与否和治愈率无密切关系。但患病母牛经治愈后,在下一次分娩后复发的有 20%～30%,应当引起足够的重视。

对卵巢功能障碍,无论采取何种治疗方法,首先应从改善饲养管理着手。应给予全价饲料,其中应含有足量的蛋白质、维生素、矿物质和微量元素。高产奶牛可根据产奶量增加饲料。母牛过于肥胖时,应减少精料,增加多汁饲料。

激素治疗:确诊为卵泡囊肿的母牛可肌内注射 hCG 2 000～3 000单位或 LRH-A3 2 支,隔 1～2 日经检不愈,可再处理 1 次。确诊为黄体囊肿的母牛可肌内注射氯前列烯醇(PGF$_{2\alpha}$)2～3 支,若采用子宫灌注,用量可减为 2 支。

难确诊的卵巢囊肿病例,可先用促排卵的激素 hCG 或 LRH-A3 处理,若无效果再用氯前列烯醇处理,往往可得到较好效果。

(四)子宫内膜炎

严重影响着母牛的繁殖,造成不孕的主要子宫疾病是子宫内膜炎。子宫炎症影响精子在子宫内存活,即使精子获能并受精,但胚胎往往因环境恶劣不能正常发育而死亡。

1. 类型及征状

(1)急性子宫内膜炎 其表现多无全身症状,有时体温略高,食欲不振,奶牛产奶量下降,病牛拱腰、努责,常做排尿姿势。多发生于产后最初几天,大量淡褐色或红褐色脓样物从阴门排出,特别是倒卧时量更多。几天后,分泌物由灰褐色变为灰白色脓样物。以后黏液增多而脓液减少,最后全部形成黏液。阴道检查,子宫颈充血、肿胀、子宫颈口稍开张。直肠检查时子宫角变大、壁厚、触之有痛感,如子宫内有渗出物时,则有波动感。如治疗得当及时,多在半月以内痊愈。如病程延长,可转为慢性。

(2)慢性卡他性子宫内膜炎　表现不发情或发情时屡配不孕，受胎后早期流产,子宫颈口松弛、充血肿胀,阴道内积有大量透明或浑浊分泌物,子宫角不对称,壁肥厚,子宫有时有积水并有波动,当积水增多时,往往坠入腹腔。

(3)慢性卡他性脓性子宫内膜炎　除表现发情不正常或不发情等一般症状外,从阴门排出白色或混有脓絮状的分泌物,尾根、臀部黏液形成黄色脓痂;子宫颈口略开张,阴道及子宫颈充血、肿胀;子宫角常常不对称,子宫内因有蓄脓而有波动。

(4)慢性潜在性子宫内膜炎　一般症状不明显。发情周期仍表现正常,但母牛屡配不孕。当发情时,由子宫中排出大量的透明黏液,有时有浑浊的絮状分泌物。

(5)假膜性子宫内膜炎　假膜性子宫内膜炎是一种坏死性纤维性子宫内膜炎,极易转变为坏死性子宫炎。病牛精神不振,体温升高,食欲及反刍停止,从阴门排出红或棕黄色分泌物,并混有灰白色或乳白色黏液碎块,病牛常拱腰努责。直检可感到子宫肥厚,有波动感。

(6)坏死性子宫内膜炎　除表现严重的全身症状外,病牛频频努责,精神沉郁,体温升高,食欲废绝,泌乳停止,由阴门排出红褐色的稀糊状液体含有腐败分解的组织碎块,气味恶臭。直肠触诊子宫壁厚而硬,病牛有疼痛感,剧烈努责。

2. 病因　引起子宫内膜炎的原因,主要是人工授精时不遵守技术操作规程及消毒不严;精液污染等引起。此外,正常分娩的助产或难产手术时感染也可发生。继而引发胎衣不下、阴道脱出、子宫脱出、子宫颈炎及子宫弛缓等。自然交配时,公牛生殖器官的炎症也能传染给母牛而发生子宫内膜炎。

3. 治疗方法

(1)急性子宫内膜炎　可用 $0.1\% \sim 0.3\%$ 高锰酸钾溶液或 $0.1\% \sim 0.5\%$ 雷夫奴尔溶液冲洗子宫。冲洗前,将洗液加温至

第二章 奶牛配种员须具备的基础知识

40℃～42℃,冲洗后须将全部洗液导出,再用生理盐水冲洗,直至洗液透明为止。洗净后,用青霉素 200 万～300 万单位,溶于 20～30 毫升蒸馏水中,注入子宫内。也可用盐酸土霉素 1 克,装入胶囊中,投入子宫。为了促进子宫收缩,可皮下注射催产素 50～80 单位。

(2)慢性子宫内膜炎　一般常用下列药物治疗:

①稀碘液:碘片 1 克,碘化钾 2 克,蒸馏水 600～1 000 毫升。先用蒸馏水将碘化钾加温溶解,再放入碘片。此液对慢性子宫内膜炎有良好效果。

治疗陈旧性子宫内膜炎,也可用 5% 碘酊 10 毫升,甘油 250 毫升,蒸馏水 240 毫升,混合后备用。于母牛发情时,向子宫内灌注,每次灌注 50～200 毫升。

②氯化钠溶液:一般常用 1% 氯化钠溶液对卡他性子宫内膜炎有较好的效果。已用过稀碘液治疗的母牛,再次发情时,可用 1% 氯化钠溶液 300～500 毫升向子宫内灌注,隔 4～6 小时可输精或交配。

上述药液用前加温至 40℃～42℃,用导管灌注子宫内而不需导出,任其自由流出即可。

(3)产后假膜性子宫内膜炎及坏死性子宫炎　为防止感染扩散,禁忌冲洗子宫。可以采用促使子宫收缩的药物进行治疗,如催产素、麦角新碱等,也可向子宫内投入青霉素 200 万～300 万单位,或土霉素胶囊 1 克。

(五)其他生殖系统疾病

1. 子宫外膜炎　子宫外膜炎是牛子宫炎最严重的表现。感染穿过整个子宫壁引起浆膜发炎、渗出和纤维素性粘连,是造成难产的主要因素之一。由于严重的子宫扭转或和助产犊牛时的操作不当,使血管受到损害,也可诱发子宫外膜炎。真性子宫外膜炎可导致腹膜炎。

该病主要为腹膜炎的症状,在产后1~5天显现,可见发热、心动过速、胃肠阻滞、厌食和脱水。病牛拱背、呆立、回头顾腹、呼气时呻吟。一些病牛出现里急后重。

子宫外膜炎的预后极差,并且绝大多数母牛于确诊后1~7天死亡。如有强化治疗价值,则应立即使用全身性广谱抗生素,并给予静脉输液治疗。常用氨基糖苷类抗生素和青霉素、四环素或头孢噻呋进行全身治疗,禁止局部或子宫内治疗以防子宫壁穿孔。在里急后重情况下采用硬膜外麻醉是必要的。在治疗的最初几天使用非类固醇类抗炎药物有助于对抗内毒素血症并可起到止痛作用。

2. 子宫蓄脓 子宫蓄脓是指子宫内蓄积脓汁,并伴有持久黄体和不发情,主要病因是化脓性放线菌和毛滴虫感染。但导致子宫内膜炎的因素也可导致子宫蓄脓。配种前进行直肠检查,有利于尽早检查出子宫蓄脓。

患子宫蓄脓的母牛临床症状仅限于不发情、持久黄体和子宫内积液。多数病牛发生脓性分泌物间歇或频繁地由生殖道排出。对于子宫积脓的病牛直肠触诊可发现子宫壁变厚、弛缓或子宫壁变薄,通常还会有黏稠的脓汁及腐败的胎膜。而且子宫蓄脓持续90天以上者,子叶消失且子宫动脉不增大,这与妊娠表现不同。

使用氯前列烯醇和其他类似药物治疗可得到满意疗效。重复用药需间隔14天。子宫蓄脓持续时间过长可影响以后的繁殖,所以,通过直肠检查、及早治疗,对预后有利。

3. 子宫肿瘤 发生于牛子宫最常见的肿瘤是淋巴肉瘤、腺癌、平滑肌瘤等。

患子宫淋巴肉瘤的牛除生殖道内有病变外,在淋巴结或其他靶器官中也存在肿瘤。通过生殖器官检查可以发现子宫的瘤块呈灶性、多灶性或弥散性肿瘤浸润。发生于子宫的淋巴肉瘤的典型形态为子宫壁上长有多个坚实、脐形肿块,感觉像母体残余的肉阜。

患子宫淋巴肉瘤的牛一般在 6 个月的时间内死于多中心性疾病。孕牛在妊娠期 6 个月以内发生流产。因此,一般对该病不予治疗。

患子宫肿瘤而非淋巴肉瘤的母牛通常无症状,都是在配种前检查时发现,或因反复发情或不孕进行检查时所发现。子宫腺癌一般表现坚硬,表面粗糙,并且只侵害一侧子宫角。平滑肌肉瘤圆而坚实,有明显界限。

患其他型的单侧子宫角瘤,如有必要可通过后腹肋部切口进行部分子宫切除术治疗。

4. 阴道炎 阴道炎可表现为急性和慢性 2 种。分娩创伤是急性、坏死性和慢性阴道炎常见的病因,阴道炎可能是原发的,也可能继发于慢性子宫内膜炎和子宫炎。阴道炎的特点为有浑浊的或黏性、脓性物质排出,但该症状不能用来特征性地将其与子宫颈炎或子宫内膜炎区分开。只要用开膣器打开阴道进行检查即可确诊。坏死性阴道炎有恶臭气并伴有分泌物排出,所以比较容易诊断。

特定的传染性疾病也可造成阴道炎,如支原体、昏睡嗜血杆菌和牛传染性鼻气管炎病毒等,均可导致奶牛发生地方性或流行性阴道炎。难产和人工输精或胚胎移植操作不当可导致阴道炎。阴道积气、会阴撕裂和尿潴留是诱发阴道炎的原发病因。阴道积尿时因为尿液对精子有毒害作用或因为尿液对子宫内膜的刺激,影响受精卵的着床而造成不孕。

母牛发生亚急性或慢性阴道炎可能是难产造成的创伤或分娩后感染的后遗症,这时常伴有子宫内膜炎或子宫颈炎。而里急后重和严重感染在急性阴道创伤和坏死性阴道炎时较为普遍。外阴倾斜、外阴畸形、瘢痕组织使阴唇分开或导致阴道积气以及尿潴留等其他情况易继发阴道炎。

无解剖学结构异常的亚急性或慢性阴道炎可采用局部治疗，用稀释后的收敛、消毒防腐药液灌注。如1%～2%明矾、5%～10%鞣酸、0.1%高锰酸钾、0.1%雷夫奴尔、0.5%呋喃西林溶液，使用前溶液加温至40℃～45℃效果最佳。并同时用抗生素治疗并发的子宫炎或子宫颈炎。慢性病例因难以确定原发部位，需对整个生殖道进行治疗。

在治疗与外阴倾斜、会阴撕裂或其他外阴解剖形态异常有关的阴道炎时，要同时矫正作为原发性病因的解剖结构异常。如对于外阴倾斜可采用简单的外阴裂背侧位闭合术治疗。阴道积尿可采用对阴道的腹侧和后段施压排积尿的保守疗法，或采用尿道扩张术外科矫正法治疗。

5. 输卵管疾病 输卵管是构成子宫和卵巢之间关键的解剖联系。输卵管发生异常直接影响精子或卵子通过输卵管的有效运送。在输卵管壶腹部不能正常地进行受精，反复配种而不孕的病例许多为输卵管疾病所致。

输卵管异常有先天性的，但不如后天发生的普遍。产后生殖道感染、顽固性子宫内膜炎、子宫外膜炎和其他感染也是造成输卵管炎的诱发因素。胎犊毛滴虫、胎犊弯杆菌、支原体和感染生殖道的其他微生物，均可间接地造成输卵管炎。

输卵管疾病的临床症状通常只限于不孕，除非生殖道其他部位有明显的感染或病变。

6. 几种常见的产科疾病

（1）流产 是由于胎犊或母体妊娠的生理过程受到内外因素影响，或它们之间的正常关系受到破坏，而使妊娠中断。流产不仅使胎犊死亡，并且使整个牛群的繁殖率下降，经济损失严重。因此，必须特别重视对流产的预防和治疗。

①病因：造成流产的主要原因是饲养管理不当及传染性疾病。

第二章 奶牛配种员须具备的基础知识

饲养不良:饲料缺乏,母牛长期饥饿,瘦弱,胎犊得不到足够的营养,发育受阻,造成流产。孕牛对环境改变的适应能力较差以及对疾病抵抗力低,也能促使流产的发生。维生素 A、维生素 D 及维生素 E 的缺乏,钙、磷比例不平衡,含碘不足等,也能引起流产。饲料品质不良,如霉变、腐烂或冷冻等,或饲喂曾患黑穗病、锈病的秸秆,或饲喂大量油饼、糟类及酸度过高的青贮料等,会使机体发生中毒、消化紊乱。孕牛在冬天早晨饮用冰冷的水或吃雪,引起反射性子宫收缩、腹痛,严重时导致流产。不遵守饮水、饲喂制度,如过饱、过饿,或舍饲骤然改为放牧,或放牧骤然改为舍饲,都能引起消化系统功能紊乱,严重时可发生流产。

管理不当:妊娠母牛由于管理及使用不当,使子宫和胎犊受到直接或间接的机械性损伤,可能引起子宫反射性收缩,导致流产。例如,孕牛的腹壁被抵伤、碰伤、打击等;或在泥泞、结冰、光滑的地面滑跌;或进出圈舍时通过狭窄的栅门,直接损伤子宫内胎犊等。另外,长途运输,粗暴的直肠、阴道检查,开腟器在阴道内放置过久,对阴道使用强烈刺激药,对已经妊娠母牛配种,都可能造成流产。气候突然变冷,或遭受较长时间的寒冷袭击,也能引起子宫强烈收缩而导致流产。

生殖器官疾病:患有慢性子宫内膜炎的母牛,交配后可能受胎,但易引起流产。子宫黏膜结缔组织增生,子宫和周围组织粘连,子宫颈炎和阴道炎蔓延到子宫内,妊娠后期黄体功能不全或其他激素紊乱,都能使母牛流产。

用药不当:临床上全身麻醉,大量放血,手术,服入大量泻药、驱虫剂、利尿剂,注射某些可以引起子宫收缩的药物,如氨甲酰胆碱、毛果芸香碱、槟榔碱、麦角制剂等,误给大量催情药,如雌激素、前列腺素和妊娠忌服的中药如乌头、附子、桃仁、红花等,以及注射疫苗,均有可能引起流产。

胚胎及胎膜异常:由于近亲繁殖或由于其他因素,使得卵子或精子发育不健全,受精后合子生活力不强,使得早期胚胎被吸收,或在胚胎发育时期死亡,胎犊畸形,胎膜水肿或胎膜炎,都能引起流产。

传染病及寄生虫病:布鲁氏菌病、结核病、胎犊弧菌病、病毒及衣原体感染,毛滴虫、母畜血液寄生虫病等,都可引起母牛流产。

②临床症状:临床上母牛流产的症状大致有胚胎消失、早产、胎犊干尸化、胎犊浸溶等。

胚胎消失:母牛配种后,经直肠检查确定已经妊娠,但经过几个情期后,又出现发情,再经直肠检查,发现胚胎已经消失,所以也称为隐性流产。

先兆流产:母牛阴道有少量出血,阴道检查宫口开张,直肠检查胎动频繁,母子胎盘可能已开始剥离,有时有不太明显的腹痛症状,若采取治疗措施及时,不一定造成流产。

早产:流产预兆和过程与正常分娩相似,胎犊是活的,但未足月即产出。如产出 8 个月以上的活胎犊,注意保暖和人工哺乳,可以成活。

胎犊干尸化:胎犊死亡后,由于黄体继续存在,子宫反应微弱,死胎仍留在子宫内,同时由于子宫颈未开张,阴道内细菌不能进入子宫,胎犊不腐败分解。以后,由于胎水被吸收,组织变干,胎犊体积缩小,皮肤变黑,呈干尸样,称为干尸化。干尸化胎犊大多长期停留在子宫内,造成母牛不发情或发情不正常,因而长期不孕。直肠检查时子宫增大,内有很硬的干尸化胎犊。

胎犊浸溶:母牛妊娠中断后,死亡胎犊的软组织被分解,变为液体流出,而骨骼仍留在子宫内。病初子宫内膜发炎,全身症状明显,体温升高。子宫内膜炎常发展为浆膜炎和腹膜炎,严重时可因败血病而死亡。

③治疗:首先确定属于何种流产,以及妊娠能否继续进行,然后再确定治疗原则。对先兆流产的母牛,即母牛出现腹痛,起卧不

第二章 奶牛配种员须具备的基础知识

宁,呼吸、脉搏加快,但子宫颈还未开张,胎犊仍活着,可肌注孕酮50～100毫克,每日或隔日1次,连用几次,或肌注1%硫酸阿托品1～3毫升。对习惯性流产的孕牛,可在配种后立即注射促黄体酮200～400单位,隔日1次,连续2～3次。如子宫内有干尸化胎犊或浸溶分解的胎犊骨骼,可注射己烯雌酚20～30毫克,每日1次,连用2～3次,促使子宫颈开张以利于自然排出;或在用药后2～4天人工扩开子宫颈口,向子宫内注入1%盐水或液状石蜡,进行人工流产,再用手或器械拉出胎犊干尸或骨片。取出后用消毒液或5%～10%盐水冲洗子宫,并注射子宫收缩药,如催产素30～100单位,使液体排出。对严重病例,子宫内需放入抗生素,并注意全身治疗。对有传染性及寄生虫性流产可疑病例,应将胎犊及子宫、阴道分泌物进行实验室检查,给予掩埋,将病牛隔离,对病牛后躯及流产污染的地方进行消毒。

④预防:防止孕牛滑跌、蹴踢、挤压及其他损伤。饲喂要定时定量,不要喂给发霉腐败的饲料。天气突然寒冷时,防止发生感冒。寒冷季节的早晨,不吃霜草,不空腹饮冷水。长途运输时,加强护理,防止过度疲劳。做好传染病的检疫及预防注射工作。对孕牛的直肠检查及用药要特别细心,不要内服剧泻药或注射可引起子宫强烈收缩的药物。

(2)难产 母牛分娩时,超过正常分娩时间,继续有努责表现,而胎犊仍不能产出,就是难产。由于牛的骨盆比较狭窄,骨盆轴长而弯曲,分娩时胎犊不易通过。难产能导致胎犊死亡,子宫感染,甚至引起母牛死亡。因此,难产发生后,要立即进行检查和助产。难产可分产力性难产、产道性难产和胎犊性难产。前2种是由母体反常引起的,后一种是由胎犊反常引起的。在奶牛的难产中,胎犊性难产占75%。在胎犊性难产中,由于胎犊头颈及四肢较长,容易发生姿势不正,其中主要是胎头姿势和前肢反常。

难产发生时,首先要检查母牛的全身状况、产道及胎犊状况。

检查产道时，主要查明产道是否干燥，有无损伤、水肿或狭窄，子宫颈开张程度（多数难产母牛子宫颈开张不全），硬产道有无畸形、肿瘤等，并注意胎水的颜色和气味。对胎犊的检查要了解进入产道的程度，正生或倒生以及姿势、胎位、胎向的变化，还要尽快判断是死胎还是活胎。活胎的特征是：当手指插入胎犊口内有吮吸动作，轻拉舌头或四肢有收缩动作，按压眼球或插入肛门有收缩动作。另外，还能摸到脐带动脉及心脏的跳动。如摸到胎犊皮下有气肿，皮肤上黏液有腐败臭味及大量胎毛时，表明胎犊已死亡，助产时可不顾忌胎犊的损伤。

进行助产时，首先将患牛保定在前低后高位置上，这样可增加骨盆腔的空间，利于调整胎犊的异常姿势。横卧保定时，也应前低后高，但胎犊的异常部位在上侧，如胎头向右侧转时，母牛左侧腹壁应卧地。然后，将母牛外阴部洗净消毒，以免助产时把污染物带入阴道及子宫内引起感染。如产道干燥，可灌入消毒的液状石蜡或温肥皂水。母牛身体虚弱的应静脉注射葡萄糖及强心剂。助产一般需要2~4人，所用器械须用2%来苏儿或0.1%新洁尔灭溶液浸泡20分钟。矫正胎犊正常姿势时，尽力将胎犊推回子宫内，推回时机应在母牛阵缩间歇期，前置部分最好拴上产科绳。拉出胎犊时，应随母牛努责而用力，并要保护会阴部。

①胎头侧弯的助产：头颈侧弯即胎犊两前肢已进入阴道，但头颈弯向侧后方。阴道检查可摸到阴道内的两前肢一长一短，胎头侧弯至较短肢一侧的胸壁。侧弯程度轻时，先用手推回胎犊颈基部，使骨盆腔空间增大，随即用手抓住下颌、鼻端或眼眶，用力将侧弯的头颈拉直。

侧弯严重时，可用手将单套绳带入子宫内，套住胎犊下颌齿槽间部，由助手拉住绳，术者用手抓眼眶或下颌，两人一齐用力拉，可把头颈拉直（图20）。

②腕关节屈曲的助产：胎头已进入阴道，但一前肢或两前肢腕

第二章 奶牛配种员须具备的基础知识

关节屈曲,有时可见一前肢蹄部从阴门伸出。阴道检查,在阴道内或耻骨前缘可摸到胎头及屈曲的腕关节。

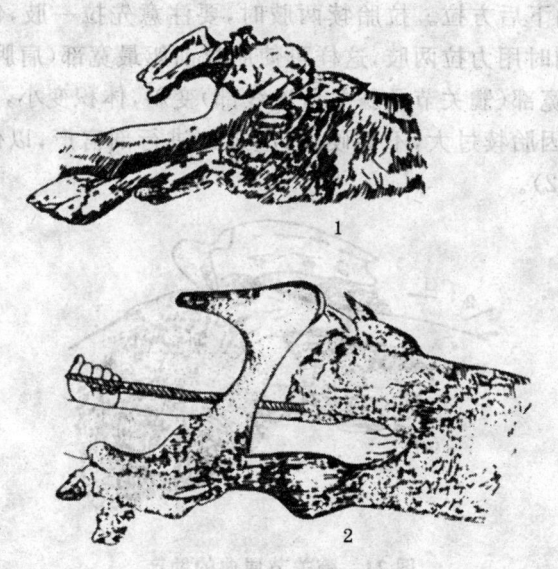

图20 胎犊侧弯的助产
1. 手矫正法 2. 产科绳矫正法

助产时,用手将胎犊推退,随即抓住屈曲肢的掌部,用力向上提并向后拉,将腕关节拉直,同时使球关节屈曲,然后用手抓住蹄部,将球关节拉直。或用单套绳拴在系部,由助手拉住绳,可将屈曲肢拉正。如胎犊较大,矫正有困难,可将屈曲的腕关节推入子宫内,使肩关节屈曲,然后只拉另一前肢及头,一般可将胎犊拉出(图21)。

③胎犊过大的助产:母牛产道及胎向、胎位与胎势无异常,仅胎犊发育过大,分娩时久不产出,如不及时拉出,胎犊将很快死亡。胎犊发生腐败及气肿时体积增大,更难产出。

助产时先用产科绳分别拴在两肢的系部,由两人各拉一根绳,

· 63 ·

术者用手抓住胎犊的眼眶或下颌部,当母牛努责时一齐用力拉,母牛不努责时停止。开始时,用力向母牛的上后方拉,当胎头露出阴门时,再向下后方拉。拉胎犊两肢时,要注意先拉一肢,使两肢斜错开,再同时用力拉两肢,这样可使胎犊前躯最宽部(肩胛连线部)或后躯最宽部(髋关节及膝关节连线部)变斜,体积变小,易将胎犊拉出。如因胎犊过大,不要硬拉,应迅速进行剖宫产,以保证母仔安全(图22)。

图 21　腕关节屈曲的助产
1. 先推　2. 后拉

难产极易引起胎犊死亡,且易造成母牛不孕,严重时危及母牛的生命。因此,积极预防难产对奶牛提高繁殖力具有重要的意义。

首先,勿使母牛过早配种。如果进入初情期或性成熟之后便开始配种,由于母牛尚未发育成熟,分娩时容易发生骨盆狭窄。

其次,要加强妊娠母牛的饲养管理。妊娠母牛应给予充足的营养,以保证胎犊生长和维持母牛健康。妊娠后期要控制母牛食量,临产前 20～30 天减少精料,切勿过肥,以利于正常分娩。妊娠母牛要安排适当的使役和运动,舍饲条件下,可进行驱赶运动。临产时,对分娩正常与否作出早期诊断。检查时间是在母牛开始表现努责或破水时。检查方法是在严格消毒后,手伸入子宫触摸。

如果胎犊是正生,前置部分正常,可由它自然排出;如果发生胎犊反常的话,就立即进行矫正,因为此时胎犊的躯体尚未楔入骨盆腔,难产的程度不大,胎水尚未流尽,矫正比较容易。

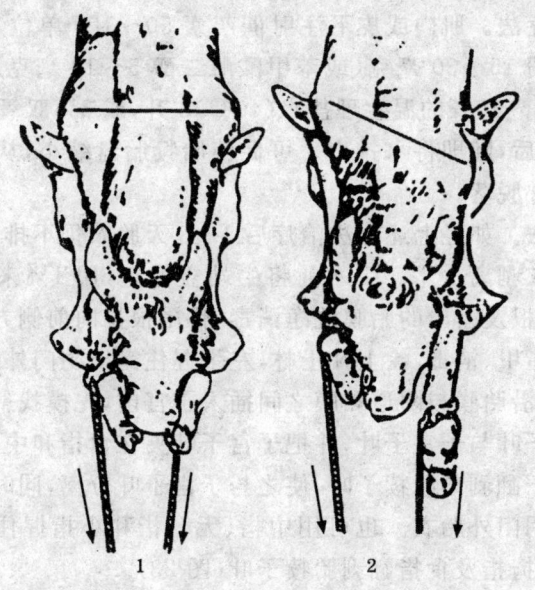

图22 正生过大胎犊的正确及错误拉出法
1. 错误 2. 正确

(3)胎衣不下

①病因:母牛产后12小时,胎衣未完全排出,称胎衣不下。其原因是母仔胎盘结合紧密,正常分娩后,胎膜排出比其他家畜慢。如果受到以下致病因素的影响,更容易引起胎衣不下:母牛在妊娠期饲料单纯,缺乏矿物质、微量元素和维生素,特别是缺乏钙盐和维生素A等;孕牛瘦弱、过肥、运动不足等,引起子宫弛缓;难产、早产以及流产;胎犊和母体胎盘患布鲁氏菌病;长期饲喂发霉饲料或其他病原菌感染发生慢性炎症,由于结缔组织增生而愈合。

②临床症状：胎衣不下轻则引起子宫炎、子宫蓄脓，重则引起全身败血症而死亡。因此，应及时治疗。

③治疗：治疗方法有药物治疗和手术治疗法2大类。

药物疗法。肌内或皮下注射催产素50～100单位，或肌内注射己烯雌酚15～30毫克（或苯甲酸雌二醇5～10毫克）或向子宫内注入5％～10％的温生理盐水（40℃）3升，或3％双氧水50～70毫升，注入后，随即将水排出。可促使胎犊胎盘缩小，从而与母体胎盘分离并脱落。

手术法。如经上述方法治疗后1～3天胎衣仍不排出时，应立即进行胎衣剥离手术。手术前将牛站立保定，用1％来苏儿溶液把外阴、尾根及露出的胎膜洗净消毒，将尾根拉向前侧方拴好。手术者剪平指甲、消毒、涂上凡士林，左手握住露出阴门外的胎膜，右手指并拢，沿胎膜与阴道黏膜之间插入子宫内，先摸找最近一个粘连的胎犊子叶与子宫子叶，并把子宫子叶夹在食指和中指之间，用拇指轻轻下翻剥离胎犊子叶，使之与子宫子叶分离，同时左手轻轻牵拉露出阴门外胎衣。也可用中指、无名指和小指握住胎犊子叶及胎膜，用拇指及食指翻剥胎犊子叶（图23）。

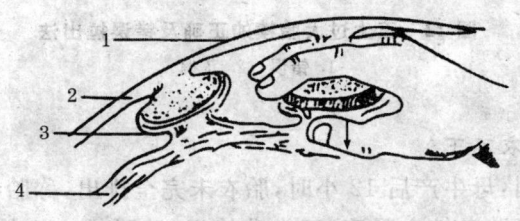

图23　用手剥离胎衣法

1. 子宫壁　2. 母体子宫　3. 胎犊子叶　4. 胎膜

剥离胎衣时，要由远及近，耐心轻巧地一个个剥离。若子宫角末端剩下几个胎犊子叶不易剥离时，不要勉强硬剥，让其自然排

第二章 奶牛配种员须具备的基础知识

出。剥离胎衣时,一定要分清胎犊子叶和子宫子叶,防止误把子宫子叶扯下来,引起大出血。胎衣剥完后,必须用 0.1% 高锰酸钾,或 0.1% 新洁尔灭溶液,或其他刺激性小的消毒液冲洗,防止子宫内膜感染。冲洗时,先将粗橡胶管(如马胃管、子宫洗涤管)的一端插入子宫的前下部,管的外端接上漏斗,倒入冲洗液 2~4 升,待漏斗液体快流完后,迅速把漏斗放低,借助虹吸作用使子宫内液充分排出,有时母牛强烈努责,也可自行将子宫内液体排出。这样反复冲洗 2~3 次,至流出液体基本清亮为止。冲洗完后,子宫内放置抗生素(土霉素或金霉素 2 克、呋喃西林 1 克或碘仿 1 克、氨苯磺胺 10 克及磺胺噻唑 10 克),隔日 1 次,连用 2~3 次。冲洗子宫时,橡皮管的一端要放在子宫的前下部,以便冲洗液能充分排出。插管时要掌握子宫深浅,不要插管过深,用力过猛,以防把子宫壁穿破。

④预防:妊娠母牛饲喂含钙及维生素丰富的饲料;舍饲的要适当增加运动时间,产前 1 周减少精料;分娩后,让母牛自己舔干犊牛身上的黏液,或立即注射己烯雌酚或催产素,以增强产后子宫收缩,促进胎衣排出。繁育群要定期做布鲁氏菌病等传染病检疫及防治工作;病牛舍要保持清洁卫生,防止污染。

(4)产后瘫痪 产后瘫痪又称生产瘫痪或乳热症,是产后母牛突然发生的严重代谢疾病。其特征是知觉丧失、四肢瘫痪等神经症状。本病多发生于营养良好的 5~6 岁(3~6 胎)的高产奶牛。

①病因:病因尚不十分清楚,可能是由以下几种原因共同作用的结果。一般认为,主要是与血钙过低有密切关系。分娩后大量血糖及血钙进入初乳中,致使血糖及血钙浓度一时性大量减少。据测定,健康牛血钙浓度为 8.61~11.1 毫克/100 毫升血液,病牛仅为 3~7.76 毫克/100 毫升血液;健康牛血糖为 80 毫克/100 毫升血液,病牛仅为 20 毫克/100 毫升血液。钙具有降低神经肌肉兴奋性的作用,血钙过低能导致身体抽搐及强直性痉挛。血糖为

大脑活动的主要能源,脑组织本身含糖原极少,当血糖浓度急速下降,就会发生脑细胞的能量供应不足,迅速引起脑功能障碍,首先表现短暂的兴奋,随即发生大脑皮质抑制,继而波及中枢,最后导致延髓功能障碍,引起知觉丧失、四肢瘫痪等神经症状。分娩后胎犊排出和大量失水(如胎水排出,大量液体成分进入初乳),使腹腔内压降低,引起腹腔内脏器官迅速充血。同时,产后乳房也充分增大。以上原因,迅速使全身血容量减少、血压下降,发生急性脑贫血,引起脑细胞缺氧缺血,导致脑功能障碍,逐渐出现知觉消失及四肢瘫痪等症状。同时,分娩本身也是一种强烈的刺激,可引起大脑皮质超限抑制,因而发生本病。

②临床症状:多在分娩后突然发生,也有的在72小时以内发生,个别牛发生在分娩前。表现症状有典型和非典型2种。典型症状的病牛,病情发展很快,整个过程约12小时。病牛食欲废绝,反刍、排粪及排尿停止,精神沉郁,表现轻度不安,后肢交叉,站立不稳,不愿走动,四肢肌肉震颤,鼻镜干燥,四肢及身体末端发凉,瞳孔放大,对光刺激无反应,心跳弱,呼吸变慢。1～2小时后后肢不能站立,出现瘫痪症状,表现知觉丧失、昏睡,并出现头向后弯曲至胸侧的特殊卧姿(图24),如强行将头拉直,松手后又弯向胸壁。病牛开始体温正常,以后逐渐降至35℃～36℃。非典型症状的病例较多,除瘫痪外,主要特征是头颈姿势不自然,由头部到肩胛部呈轻度"S"状弯曲。病牛精神沉郁,但不昏睡,食欲废绝;有时勉强站立,但不稳,行动困难,步态摇摆。体温正常或不低于37℃。严重病例,发病后24小时内不予以治疗,有50%以上死亡。如果治疗及时、正确,90%以上的病牛可以痊愈或好转。

③治疗:发生产后瘫痪后,必须立即治疗,治疗愈早,疗效愈高。最有效的疗法有静脉注射钙制剂和乳房送风。常用的钙剂是硼葡萄糖酸钙注射液,注射量为20%～25%的硼葡萄糖酸钙注射液500毫升;如无此药,可注射10%葡萄糖酸钙注射液500～1 000

第二章 奶牛配种员须具备的基础知识

毫升。注射 6～12 小时如无反应,可重复注射,但不要超过 3 次。注射时速度要慢,500 毫升溶液至少需要 10 分钟。

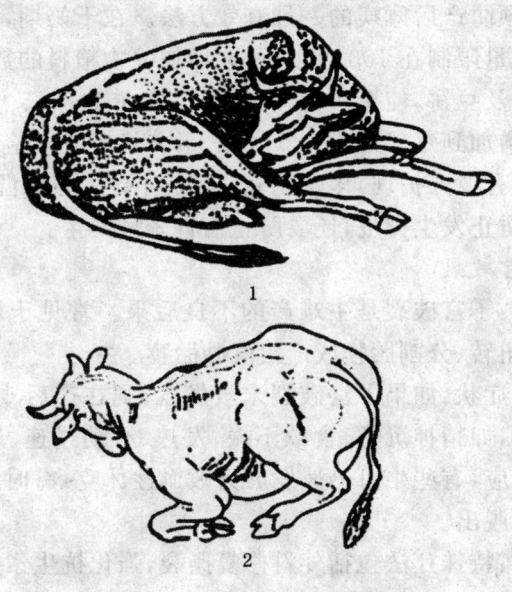

图 24 母牛产后瘫痪的卧姿
1. 典型卧姿　2. 非典型卧姿

乳房送风是用送风器来完成,其原理是把空气打入乳房,增加乳房内的压力,使流入乳房的血液减少,增加血压和血钙浓度,同时刺激神经兴奋性。其方法是:先挤净乳房中的积乳并消毒乳头,将尖端涂有少量润滑剂的消毒乳导管插入乳头管,注入含青霉素 10 万单位、链霉素 0.25 克的生理盐水 20～40 毫升。然后,慢慢压送空气进入乳房内,直至乳房皮肤紧张,基部边缘明显变厚,轻敲乳房有鼓音为止,拔出针头,用宽纱布条将乳头轻轻扎住,防止空气逸出。再用同样方法,将其他 3 个乳区打满空气。绝大多数病牛在打入空气后 30 分钟能苏醒站立,打气量不够,不会有疗效,打气过量,则会使乳腺泡破裂。

④预防:产前2周给母牛饲喂低钙高磷饲料,减少从日粮中摄取钙量,是预防产后瘫痪的一种有效方法。在干奶期,每头母牛每天摄入的钙量限制在100克以下,并增加谷物精料的数量,减少饲喂豆科牧草及豆饼,使摄入钙、磷比例保持在1~1.5:1。分娩前后,将钙量增加到每天每头125克以上,分娩后立即给饮大量温盐水。病牛要有专人护理,多加垫草,天冷时要注意保温,每天翻转牛体几次,防止发生褥疮,还要防止瘤胃胀气发生。

(5)子宫破裂

①病因:子宫破裂是牛难产的不良后果。常见于助产时强行牵引、子宫扭转、分割胎犊或产出气肿胎犊。

②临床症状:如果子宫破裂未被发现,则在产后1~5天表现出临床症状,如精神沉郁、食欲不振、发热、心动过速、瘤胃停滞及腹部保护反应,有些牛可迅速发展为败血性休克,有时还可见到肠道经生殖道脱出。

③治疗:特殊疗法包括外科修复撕裂,强化抗生素疗法以治疗或预防腹膜炎。当出现明显腹膜炎症状时常常预后不良。还可根据具体病例采取不同的支持疗法。外科修补可通过产道进行或剖腹进行,腹部切口应尽量在肷窝靠后部。

(6)子宫扭转

①病因:分娩时间延长、突然跌倒或滑倒、腹部的悬垂和摇摆以及其他的可能性原因均可引起子宫扭转。

②临床症状:子宫扭转造成急腹症并不常见,但当母牛表现急腹症并已妊娠4个多月时,应考虑是否患子宫扭转。病牛表现为不安、踏地、焦虑、心动过速、食欲减退和摇尾,进一步发展会出现食欲废绝、进行性心动过速、真性急腹症以及踢腹等表现。

③治疗:对子宫扭转最好在剖腹手术后进行手术矫正。实施滚动母牛或通过直肠拨动等技术,往往不奏效,并且在有出血或腹膜

有进一步渗出或漏出液的时候,会造成已损伤子宫的进一步损伤。

(7)子宫脱出

①病因:子宫脱出是一种常见病,其诱因包括难产、里急后重和低钙血症。初产牛可能发生,经产牛危险性更大。通常在产后数小时内发生。

②临床症状:临床症状不明显。病牛可能显得健康,特别是初产牛。经产牛患子宫脱出时常表现不同程度的低钙血症,如虚弱、抑郁、体温低、焦躁、挣扎、虚脱和昏迷。多数病牛表现里急后重。要注意区分休克与低钙血症的症状。因为一小部分子宫脱出病牛可能因内出血或外出血、脱出子宫撕裂或肠管在脱出子宫中发生嵌顿而继发低血容量性休克,这类病牛有可视黏膜极为苍白、心率高和虚脱等严重症状。极少数情况下,母牛会死亡。

③治疗:对子宫脱出及时治疗,预后良好。发现子宫脱出后先用1‰温热碘溶液洗净暴露的子宫,并保持其温润,并按要求将子宫抬高到坐骨水平或更高些,以减轻血管损伤和继发的水肿,同时也减少了受伤的危险。进行硬膜外麻醉以减轻里急后重,并使母牛处于前低后高的姿势以促进子宫复位。然后以缓慢按摩和轻推的方式从外阴最近处的子宫颈末端开始回送脱出的子宫。用软肥皂水或产科专用润滑剂以辅助操作非常重要。术者操作时手指拢成杯状,且用力要轻,逐渐回送直到只剩下一部分妊娠侧子宫角露在外面,认出子宫角顶端,用手和胳膊将子宫角和子宫体充分内翻并完全推入腹中,轻轻摇动子宫体和子宫角,以确保子宫角内翻完全并防止再次脱出。另外,还需全身性应用催产素或麦角新碱,以及使用子宫内抗生素和全身性抗生素,并保持母牛前低后高的姿势,患低血钙症的牛还应给予适当的钙。

子宫脱出复位后,还可进行外阴处固定缝合。单纯发生子宫脱出,预后良好。发生休克症状的牛易死亡。在修复手术3天后对所有患子宫脱出的母牛进行再次检查,以估计牛全身状况,并对子宫炎或子宫损伤病牛提出具体治疗方法。

六、奶牛配种登记制度及登记表格

建立详实的奶牛配种登记制度不仅能够帮助配种员总结以前的工作情况,而且对于分析以后的繁殖事件也是十分有帮助的。所有的繁殖记录都可以用来计算未来的繁殖参数,对于繁殖参数的分析又可以帮助配种员发现和确定牛群的繁殖情况,从而制订切实可行的目标并监测繁殖效率的改进情况。由于配种员工作比较繁琐,涉及的方面比较多而且复杂,所以使用配种登记制度极为重要。将登记、统计工作制度化,定期分析各种数据,为配种工作提出建议和意见。各种表格装订成册,并由专人保管。

在实际生产中,奶牛登记制度的具体实施就是要及时的记录好奶牛的各项繁殖记录。可以根据牛场的实际情况制订表格进行记录;也可以参照表3、表4、表5记录。

表3 配种登记表

群别＿＿＿＿＿＿＿＿　　　　年龄＿＿＿＿＿＿＿＿

序号	母牛		与配公牛		配种日期			分娩		犊牛		
	个体号	等级	个体号	等级	第一次	第二次	第三次	预产期	实产期	个体号	初生重	性别

第二章 奶牛配种员须具备的基础知识

表2 产犊登记表

群别_____ 年龄_____

序号	母牛		犊牛			
	个体号	等级	个体号	性别	初生重(千克)	出生日期

表5 繁殖成绩统计表

群别_____ 年龄_____

基础母牛总数	配种		妊娠		流产		分娩		产活犊		断奶成活犊牛		每百头基础母牛断奶成活犊牛数
	头数	%	头数	%	头数	%	头数	%	头数	%	头数	%	

对记录的各项数值要进行分析统计,使管理者和配种员对整个牛群以及每个个体有一个科学而全面的认识,进而加强管理和提高生产效率。

繁殖力指标是衡量繁殖工作效率的统计量。每个年度末都要对繁殖效率做统计,用受胎力和综合繁殖率反映。

(一) 受 胎 力

是评定母牛的受胎能力或公牛的授精能力的综合性指标。常有以下几种表示方法。

1. 情期受胎率 表示每个发情期妊娠母牛头数占配种情期数的百分率。可反映配种技术水平。

$$情期受胎率 = \frac{妊娠母牛头数}{按情期计算的配种母牛头数} \times 100\%$$

第一情期受胎率 第一情期配种的妊娠母牛头数占第一情期配种母牛头数的百分率。

$$第一情期受胎率 = \frac{第一情期配种妊娠的母牛头数}{第一情期配种母牛头数} \times 100\%$$

总受胎率 最终妊娠母牛头数占配种母牛头数的百分率。

$$总受胎率 = \frac{最终妊娠母牛头数}{配种母牛头数} \times 100\%$$

2. 不返情率 母牛配种后一定时间内,不再发情的母牛头数的百分率。但使用不返情率时,必须冠以观察时间,如30～60天不返情率,60～90天不返情率,90～120天不返情率等。

$$不返情率 = \frac{不再发情的母牛头数}{配种母牛头数} \times 100\%$$

3. 配种指数 每次妊娠所需要的配种情期数,是配种情期数占妊娠母牛数的比值。

$$配种指数 = \frac{配种情期数}{妊娠母牛头数}$$

(二)综合繁殖率

1. 繁殖率　本年度内出生犊牛占上年度终适繁母牛头数的百分率。出生犊牛按产犊后 2 天内存活的头数计算。

$$繁殖率 = \frac{本年度内出生犊牛头数}{上年度终存栏适繁母牛数} \times 100\%$$

2. 产犊指数　是指母牛两次产犊所间隔的天数,相当于产犊间隔,常用平均天数表示,奶牛正常产犊指数约为 360 天,肉牛为 400 天以上。

3. 繁殖成活率　指本年度内成活犊牛数占上年度终适繁母牛数的百分率。成活犊牛数按断奶时成活的头数计算。

$$繁殖成活率 = \frac{本年度内成活犊牛数}{上年度终(本年初)适繁母牛数} \times 100\%$$

成活率一般是指断奶成活率,即断奶时成活犊牛数占出生时活仔畜总数的百分率。

$$成活率 = \frac{断奶时成活犊牛头数}{出生时活犊牛头数} \times 100\%$$

4. 繁殖效率指数(reproduction efficiency index, R·E·I)该指标直接与参加配种和犊牛断奶前死亡的母牛数有关,在其他条件相似的前提下,可比较不同牛群的管理水平。

$$R.E.I = \frac{断奶成活犊牛头数}{参加配种的母牛数 + 从配种到犊牛断奶前死亡母牛数}$$

以上繁殖力指标的获得是基于实际生产中的繁殖记录,而这些科学数据反过来又会帮助管理者和配种员,为他们的决策和管理提供依据。

要在生产中获得较大的效益,就离不开科学合理的计划的指导。奶牛场的配种员要在本年度的年初制订出该年度的配种计划。制订该计划的依据是上一年度的受胎和繁殖情况,还要结合本年度的饲养管理、基础母牛的体质、人工授精技术人员的素质等,从而确保本年度配种繁殖指标的完成。从此可以看出,繁殖记录和配种计划是相辅相成的。没有繁殖记录,就不会有科学合理的配种计划;没有配种计划,繁殖记录的作用也无法发挥。

思 考 题

1. 公牛的生殖器官及其功能是什么?
2. 母牛的生殖器官及其功能是什么?
3. 生殖激素的使用及注意事项有哪些?
4. 母牛发情鉴定方法有哪些?
5. 奶牛常见的繁殖障碍疾病有哪些?

第三章 奶牛人工采精技术

一、人工采精操作规程

人工授精是指借助于专门器械,用人工方法采集公牛精液,经体外检查与处理后,输入发情母牛的生殖道内,以代替公、母牛自然交配,使其受胎的一种繁殖技术。

采精(semen collection)是人工授精工作中的重要技术环节,必须按照操作规程的要求做好采精工作,以保证公牛正常、充分的性行为表现,采集到量多、质优、无污染的精液。

人工授精需要的器材设备有光学显微镜、载玻片、盖玻片、水浴锅、公牛采精用假阴道、输精器、高压灭菌器、烘箱、液氮罐、酒精灯、长柄钳、镊子、玻璃棒、棒状温度计、漏斗、量杯、灭菌凡士林、70%和95%酒精棉球、滑石粉、来苏儿、洗衣粉等。

(一)采精场所及器械

采精要有专用的采精环境,以便公牛建立起稳固的条件反射,同时防止精液污染。采精场所应建立在宽敞、平坦、安静、清洁、温度易控制的房子中,不论什么季节或天气均可照常进行工作。场内设有采精架以保定台牛或设立假台牛,供公牛爬跨进行采精。室内采精场的面积一般为10米×10米,并附设喷洒消毒和紫外线照射杀菌设备。如为室外采精场则要注意地势平坦、干燥、避风、肃静、有围墙。采精场地面应防滑,公牛爬跨处应垫沙土或防滑橡胶。采精场地应与精液处理室相连。

采精场所应具备的基本采精器械有假台牛、采精架、保定架、假阴道(包括外壳、内胎、集精杯)、恒温箱等。

台牛的选择要尽量满足种公牛的要求,可利用活台牛或假台牛。采精时,用发情良好的母牛作台牛效果最好,经过训练过的母牛也可作台牛。对于活台牛来说应性情温驯、体壮、大小适中、健康无病。采精前将台牛保定在采精架内,对其后躯特别是尾根、外阴、肛门等部位进行清洗、擦干,保持清洁。

应用假台牛采精,简单方便且安全可靠。假台牛的骨架可用木材或金属材料等制成,要求大小适宜、坚固稳定、表面柔软干净,模仿母牛的轮廓或外面披一张母牛皮即可。

(二)采精前的准备

1. 假阴道的准备

(1)安装内胎及消毒 对于前苏联式假阴道的安装应将内胎放入外壳,使露出两端的内胎长短相等,并翻转在外壳上,以胶圈固定,用70%的酒精擦拭两端消毒。在采精前,必须用生理盐水冲洗,以防内胎黏附精子。内胎除用酒精消毒外,还可用紫外线消毒。最后,装上胶漏斗及集精杯。

(2)注水 将假阴道直立,水面达到中心注水孔即可。采精时的内胎温度要求40℃~42℃。

(3)涂润滑剂 润滑剂多采用灭菌后的白凡士林,在早春或冬季可用2:1的白凡士林与液状石蜡的混合剂。涂抹深度为假阴道全长的1/2~2/3。

(4)调节压力 从活塞注入空气,使假阴道入口呈现膨胀的放射状3条缝时才算适度。

采精前,可在假阴道入口处覆盖一块有"丫"形切口的泡沫塑料,以防污物被阴茎带入假阴道。采精后,内胎用毛刷蘸苏打水和肥皂液刷洗,用蒸馏水冲洗,而后再用70%的酒精浸泡12小时左右(也可用紫外线灭菌)。采精多头牛时,每头牛均准备1个假阴道,不能混用,并将假阴道放入40℃恒温箱内(注意温度不要过高),随用随取。

目前从欧、美等国引进的内胎和外壳一体化的假阴道已广泛用于我国种公牛站的采精,大大简化了采精前的准备工作。

2. 台牛的准备 采精时用活台牛效果最好,但应选择健康体壮、大小适中、性情温驯、四肢有力的牛作为台牛。一般选择淘汰母牛或阉割过的公牛作为台牛。采精前将台牛臀部、外阴部和尾部清洁消毒(2%来苏儿液擦拭),而后再用净水冲洗、擦干。在室内采精,采精架旁设有隔离板或隔离栏,起到安全保护作用。用假台牛采精则方便且安全可靠。用假台牛采精,应先对公牛进行调教,使其建立起条件反射。

3. 种公牛的准备和调教 公牛采精前必须用诱情的方法促使公牛有充分的性兴奋和性欲,尤其对性欲迟钝的公牛要采取改换台牛、变换位置及观摩其他公牛爬跨等方法。

利用假台牛采精必须对种公牛进行调教,使其建立条件反射。一般方法是:在假台牛旁牵一头发情母牛,诱使其爬跨数次,但不使其交配,当公牛性兴奋达高峰时即牵向假台牛使其爬跨。在假台牛后躯涂抹发情母牛的阴道分泌物或尿液,刺激公牛的性欲并引诱其爬跨假台牛,经过几次采精后即可调教成功。将待调教的公牛拴系在假台牛附近,让其观看已调教好的公牛爬跨假台牛采精,然后再诱导其爬跨假台牛。

在调教过程中,一定要反复训练,耐心诱导,切勿逼迫、抽打、恐吓等不良刺激,以免引起调教困难。第一次采精成功后,还要经过几次反复,并注意非配种季节也要定期采精,从而巩固公牛建立的采精条件反射。

(三)人工采精方法

人工采精是指借助于专门器械,采取公牛的精液,是人工授精技术的重要环节之一。

对于公牛采精,利用母牛或公牛做台牛(或假台牛),当一头牛爬跨采精时,下一头采精种公牛在周围观着,以达到刺激其性欲,提高射精量的目的。牛通常使用假阴道法采精。此外,按摩法和电刺激法在特殊情况下也具有一定意义,但其方法上存在缺点,生产上已不常采用。

1. 假阴道法 它是采用仿生学设计相似于母牛阴道环境条件的假阴道,诱导公牛在其中射精而取得精液的方法。

(1)假阴道的结构和规格 假阴道是一筒状结构,主要由外壳、内胎、集精杯(瓶、管)及附件组成。牛用假阴道外筒的规格,长度 50 厘米,内径 8 厘米为宜。有欧美式和前苏联式 2 种类型(图 25)。

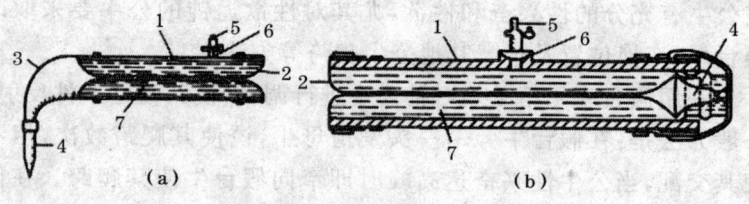

图 25 牛采精用假阴道
(a)欧美式牛用假阴道 (b)前苏联式牛用假阴道
1. 外壳 2. 内胎 3. 橡胶漏斗 4. 集精管(或集精杯)
5. 气嘴 6. 水孔 7. 温水

假阴道夹层内注入容积为 2/3 的温水来维持内部温度,在采精时保持 38℃～40℃。此外,集精杯应保持 34℃～35℃,以防止射精时因温度变化对精子的危害。适当的假阴道内压是刺激公畜射精的重要条件之一,压力过大则使阴茎不易插入或插入后不能射精。在假阴道内涂以适量消毒过的润滑剂有利于阴茎的插入。

(2)采精操作 比较安全而简便的方法是将假阴道安放在具

有调节假阴道角度的假台牛后躯内,任由公牛爬跨假台牛而在假阴道内射精。该法对假台牛的设计要求高,投资较高。

采用手握假阴道采精时,采精员应站在台牛右后侧,当公牛爬跨台畜时将假阴道与公牛阴茎伸出方向成一直线,紧靠并固定于台畜尻部右侧,迅速托住公牛的包皮将阴茎导入假阴道内射精。射精后将假阴道集精杯一端向下倾斜,以防精液外流。当阴茎由假阴道内抽出后,立即放掉假阴道内空气,取下集精杯送精液处理室进行检查。精液经处理后冷冻保存或供鲜精输精使用。

2. 按摩法 操作时,先将公牛直肠宿粪排净,再将手伸入直肠约 25 厘米处,轻轻按摩精囊腺,以刺激精囊腺分泌物自包皮流出,然后将食指放在输精管两膨大部中间,中指和无名指放在膨大部外侧,拇指放在另一膨大部外侧,同时由前向后轻轻施以压力,反复进行滑动按摩,即可引起公牛精液流出,由助手接入集精管内。为使阴茎伸出,减少精液的细菌污染程度,也可按摩"S"状弯曲。用此法比用假阴道法所采集的精子密度低,细菌污染程度高。

3. 电刺激法 育种价值高、因损伤或性反射慢、失去爬跨能力或不适宜用其他方法采精的公牛,可使用电刺激采精法。

电刺激法采精是通过电流刺激公牛射精。采精前将两个电极套在以手套绝缘的拇指和食指上,用手带入直肠内,将手指固定在腰荐部神经上。然后调节刺激器,使用交流电源 15~20 伏,刺激 15 秒,间歇 5~10 秒,经数次刺激后阴茎伸出诱发射精。由于这种方法给予牛以强烈的刺激,伴有全身肌肉强直,操作时要特别注意。

(四)人工采精器材的使用、消毒及保管

奶牛的采精器械主要是假阴道,由外壳、内胎和集精杯 3 部分组成。牛的假阴道有美式和苏式 2 种。外壳是由硬橡胶或塑料制成的圆筒,中部有注水孔,塞有带气嘴的橡皮塞,灌水和充气用。

内胎是由优质橡胶制成的长筒,装于外壳内。两端反转固定在外壳上。集精杯有两种,一种是棕色的双层集精杯,夹层可以盛温水以保护精液;另一种是在橡皮漏斗上接上一个玻璃管或者离心管。

1. 器材消毒 人工采精器材必须彻底消毒。消毒不严格,细菌和其他微生物污染了精液,不但影响精液质量,而且也可能造成交叉感染,最终易造成母牛不孕等繁殖疾病。人工采精器材主要使用物理消毒法(煮沸、蒸汽、干燥、紫外线、高压灭菌等),部分器材可使用化学消毒(如酒精等)。

(1)煮沸消毒 适用于一切器皿以及稀释液。采精器材的消毒应以煮沸消毒为主。80℃,5～10分钟,炭疽菌、结核菌均可被杀死;100℃,1分钟,炭疽菌芽孢可被杀死。在实践中,可用100℃,15分钟煮沸消毒。在消毒过程中,煮沸水应浸没消毒器皿,而稀释液以隔水(水浴)消毒为宜。

一切橡胶、玻璃、金属器材和稀释液均可煮沸消毒(脱脂棉、纱布、滤纸除外)。如果在煮沸水中加入1%～2%的碳酸氢钠,可以增加消毒效果,防止金属器材生锈。橡胶器材如使用煮沸消毒,在水沸腾后立即取出,否则橡胶容易变性。

(2)蒸汽消毒 适用于一切玻璃器皿、金属器械、创巾及稀释液。在完全密闭情况下,100℃,1分钟可达到消毒目的。如果灭菌器不严密,混入空气,消毒则需10～30分钟。

(3)高压灭菌锅消毒 适用于一切玻璃器皿、塑料和金属器械、移液器吸头、创巾及稀释液。采用高压灭菌锅消毒,压力在0.14兆帕,121℃,20分钟即可。

(4)干热消毒 适用于玻璃器皿和金属器械。使用电热干燥灭菌器,160℃,30～60分钟,即能达到消毒目的。这种消毒效果比湿热消毒(煮沸、蒸汽)差。链球菌70℃～75℃,1小时,大肠杆菌60℃、13分钟,结核杆菌100℃、1小时可被杀死。另一种干热消毒法就是烧灼。开膣器等金属器材均可用无烟火焰(酒精灯或酒精棉球）烧灼消毒。

（5）紫外线消毒　适用于橡胶、塑料、玻璃器皿及房间消毒。

（6）酒精消毒　酒精消毒是人工授精器材的惟一化学消毒法。假阴道内胎在酒精消毒后，必须用生理盐水或5%葡萄糖溶液冲洗，风干后放在无尘处保存备用。用上述溶液冲洗的目的，一是冲去可能残留的酒精，二是减少内胎的黏附性，以防止采精时内胎黏附精液。消毒用酒精浓度一般为70%。消毒酒精配制计算公式（例如，用原酒精配制）：

$$\frac{预配酒精百分比 \times 预配酒精量}{原酒精百分比} = 原酒精量$$

预配酒精量 − 原酒精量 = 稀释用水量

简化配制方法，可取100%无水酒精70毫升，加蒸馏水30毫升，即可得到70%消毒酒精100毫升。另外，橡胶、塑料等器材可用0.1%新洁尔灭溶液浸泡消毒。

2. 其他消毒

（1）操作人员的手可先用清水洗净后，再用0.1%过氧乙酸溶液或1%～2%来苏儿溶液进行消毒。

（2）工作服可用熏蒸法消毒。把工作服挂在房间内，按实际体积计算，每立方米用5毫升过氧乙酸液（内含过氧乙酸0.75克），另外加1克高锰酸钾进行催化，用电炉加热熏蒸。也可在使用前将工作服紫外线消毒20～30分钟。

（3）各种器械、器皿等用后先用洗涤液去污、清水冲洗，再用蒸馏水反复冲洗干净，而后消毒备用。

3. 器材保管

消毒后的采精器械应该分类存放于特定的壁橱内，要求壁橱无土、无尘、无风。取出的器械无论使用与否，都不能再次放回。要定期对壁橱进行清理和喷洒酒精消毒，以保证采精器械存放环境的卫生。

二、精液品质鉴定

精液品质检查的主要目的在于鉴定精液品质的优劣,同时为精液稀释、保存和运输提供依据。另外,通过检查也能了解公畜饲养水平、生殖器官功能状态、技术操作质量等。

精液品质鉴定在精液处理室进行,主要设备为显微镜。

检查精液时应注意:采精后要迅速置于35℃左右保温瓶中,以防止温度突然下降,对精子造成低温打击;检查时力求动作迅速,操作过程不使精液品质受到损害;取样具有代表性,评估结果准确。另外,还要标记精液的来源。

(一)精液的外观和精液量检查

1. 云雾状态 取1滴原精液于载玻片上,用低倍显微镜(10×10)观察,正常牛精液因精子密度大而浑浊不透明,同时可见精子运动翻腾滚滚如云雾状。精液浑浊度越大,云雾状越显著,精子密度和活率也越高。云雾状态是反映精子密度和活力的综合指标。

2. 色泽 正常牛的精液为乳白色或乳黄色。精液乳白越浓,表示精子密度越大。如色泽异常,表明生殖器官有疾病;精液呈淡绿色是混有脓液,呈淡红色是混有血液,呈黄色可能是混有尿液等。诸如此类色泽的精液,应该弃去或停止采精。值得指出的是,当饲料中核黄素含量高时,也可致使精液变黄,但对精液品质并无影响,不应与有明显气味的尿液相混淆。

3. 精液量 精液量可以从有刻度的集精管(瓶)上测出。一般每次射精量为2~15毫升。射精量因牛的品种及个体而异,同一个体也因年龄、性准备情况、采精方法、技术水平、采精频率及营养状况而有所变化。公牛的射精量如太多或太少,都必须查明原因加以防止。例如,射精量太多可能是过多的副性腺分泌物或其他异物(尿、假阴道漏水)混入;如过少可能是由于如下原因所致:采精方法不当、采精过频或生殖器官功能衰退;性功能尚未完全成熟;可能是完全不育的公牛;两侧精囊腺炎症,阻塞其分泌物的输出或缺乏精囊腺而无分泌物与精液混合;附睾头部精液滞留症。但是,评定公牛正常射精量,不能仅凭 1 次采精记录,应以一定时间内多次射精总量的平均数为依据。

4. 精液的 pH 测定 加 1 滴精液于试纸上,与标准比色板对照,以确定 pH。牛精液的 pH 一般为 6.5~6.9。精液的 pH 偏低的品质较好,pH 偏高的精子受精力、生活力、保存效果等都显著降低。pH 与生存活率的相关指数约为 -0.47。贮存后的精液,其 pH 的变化似乎可以说明精液品质。但经稀释处理的精液,贮存时其 pH 变化不大。其 pH 与精子的存活力关系不大。

(二)精子活率

将显微镜保温箱或保温台调节至 37℃ 左右。然后在室温 18℃~25℃ 下,取 1 滴原精液于载玻片上,加上盖片,置显微镜下检查精子的运动状态,并估计直线前进运动精子占整个视野内精子的百分数。如 100% 精子呈直线前进运动为 1 级,90% 的精子呈直线前进运动为 0.9 级,依此类推。

牛鲜精子的活率一般为 0.7~0.8。为保证获得较高的受精率,用于人工授精的精子活率,液态保存精液一般为 0.5 以上,冷冻保存精液在 0.3 以上。

(三)精子密度

精子密度是指每毫升精液中所含有的精子数,单位为个/毫升。测定方法主要有目测法和计数法 2 种。

1. 目测法 取 1 滴原精液用压片法镜检精子密度,按照精子的密度范围,可粗略分为稀、中、密3级。

稀:稀薄呈水状,灰白或带黄色,精子浓度为 3×10^8 个/毫升以下。

中:像乳酪状,稍微黏稠,精子浓度为 6×10^8 个/毫升左右。

密:极其浓厚黏稠,不透明,白色或带有黄色,精子浓度 1×10^9 个/毫升以上。

2. 计数法 首先用红细胞稀释管准确吸取公牛精液至刻度0.5处,用滤纸吸去管端附着的精液,然后将此精液吸至膨大部,再吸入3‰氯化钠溶液至刻度101处,充分摇动,混合均匀,弃去管内最初几滴,然后将盖片推压在计算室上,滴入1滴稀释的精液(使精液自动进入计算室内)。滴加精液时防止过多或过少,亦不使计算室产生气泡。将计算板置于显微镜下放大400～600倍计数。计算室有中方格25个,每个中方格内有16个小方格,因此整个计算室有400个小方格,计算精子数只需数出5个中方格的精子,而后推算1毫升的精子数。简化计算法,可将5个中方格内的精子数乘以 10^7 即为公牛精子密度。

另一种计数法是用微量加样器取牛精液10微升,加自来水90微升充分混匀,为10倍稀释。将盖片推压在计算室上,使移液器中吸取的精液混合液均匀充满整个计算室后,在高倍镜下数出四角和正中间5个中方格的精子数,计数方法是当精子压在中方格的边界线时,数上不数下,数左不数右。

计算精子数时5个中方格中所数的精子数×5=整个计数中25个中方格内的精子总数。也就是1平方毫米×1/10毫米=1/10立方毫米的精子。如果再乘10,就等于1立方毫米精液内的精子数。再乘1 000即为1毫升精液内的精子数(1 000立方毫米=1毫升)。再乘以稀释倍数。如果所取精液是原精液,则无需再乘以稀释倍数。将以上的结果归纳为公式:

1毫升原精液所含精子数=5个中方格所数的精子数×5×

10×1 000×稀释倍数(若是原精液,则不乘以稀释倍数)。

(四)精子畸形率

精子的畸形可分为4类。头部畸形,如头部巨大、瘦小、细长、圆形、轮廓不明显、皱缩、缺损、双头等;颈部畸形,如颈部膨大、纤细、不全、带原生质滴、弯曲、曲折、双颈等;中段畸形,如中段膨大、纤细、不全带原生质滴、弯曲、曲折、双体等;主段畸形,如主段弯曲、曲折、回旋、短小、长大、缺陷、带原生质滴、双尾等(图26)。

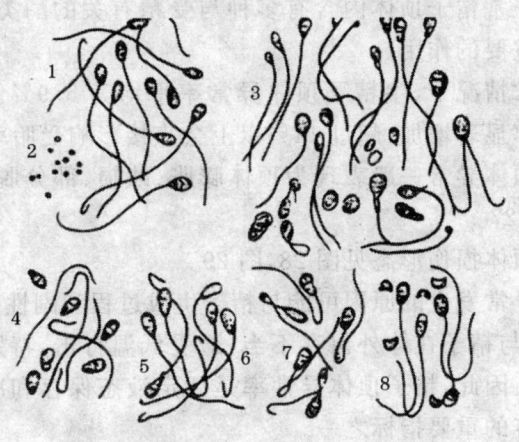

图26 牛畸形精子类型
1. 正常精子 2. 游离原生质滴 3. 各种畸形精子
4. 头部脱落 5. 附有原生质滴 6. 附有远侧原生质滴
7. 尾部扭曲 8. 顶体脱落

产生畸形精子的原因:精子生成过程受破坏;副性腺及尿道分泌物的病理变化;精液处理不当,遭受外界不良刺激。

计算精子畸形率时将抹片置于显微镜下(400~600倍)检查300个以上精子,计算其中畸形精子所占的百分比。

$$畸形率(\%) = \frac{畸形精子数}{计算的精子总数(正常精子数+畸形精子数)} \times 100\%$$

在正常精液中常有些畸形精子出现,一般不超过 20% 时,对受精力影响不大。优良品质牛精液的精子畸形率不超过 18%,冷冻后不超过 30%。

(五)精子顶体异常率

精子顶体异常率是指精液中顶体异常的精子数占精子总数的百分率。正常精子顶体内含有多种与受精有关的酶类,在受精过程中起着重要的作用。

在正常情况下,牛精子顶体异常率平均为 5.9%。如果精子顶体异常率显著增加,超过 14% 以上会直接影响受胎率。

精子顶体异常一般表现为顶体膨胀、缺损、部分脱落、完全脱落等,见图 27。

精子顶体损伤形态见图 28,图 29。

顶体异常发生的原因可能与精子生成过程和副性腺分泌物异常有关,也与精子在体外保存不当,遭受低温打击,特别是冷冻伤害等所致。因此,精子顶体异常率是评定液态保存和冷冻保存精液品质检查的重要指标之一。

常用的检查方法是将精液样本制成抹片,自然干燥后在固定液中固定片刻,水洗后进行姬姆萨染液染色 90~120 分钟,再经水洗、干燥后用树脂封装,置于高倍显微镜(100 倍物镜)或相差显微镜下观察,观察 200 个以上精子,计算出顶体异常率。

(六)显微镜的使用及保管

1. 显微镜的构造 普通光学显微镜的构造主要分为 3 部分:机械部分、照明部分和光学部分。显微镜的主要构造见图 30。

机械部分包括镜座、镜柱、镜臂、镜筒、物镜转换器、镜台和调

第三章 奶牛人工采精技术

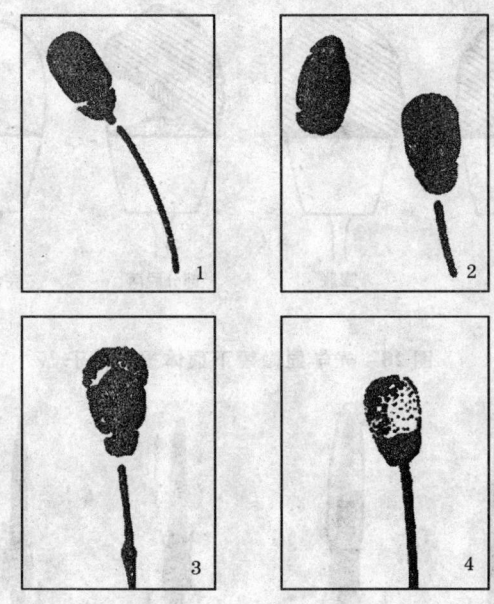

图 27　精子顶体异常
1. 正常顶体　2. 顶体膨胀
3. 顶体部分脱落　4. 顶体全部脱落
（引自中国农业大学主编.《家畜繁殖学》
第三版.农业出版社,2000,222）

节器。调节器是装在镜柱上的大小两种螺旋,调节时使镜台作上下方向的移动。大螺旋称粗调节器,移动时可使镜台作快速和较大幅度地升降,所以能迅速调节物镜和标本之间的距离使物象呈现于视野中,通常在使用低倍镜时,先用粗调节器迅速找到物象。小螺旋称细调节器,移动时可使镜台缓慢地升降,多在运用高倍镜时使用,从而得到更清晰的物象,并借以观察标本的不同层次和不同深度的结构。

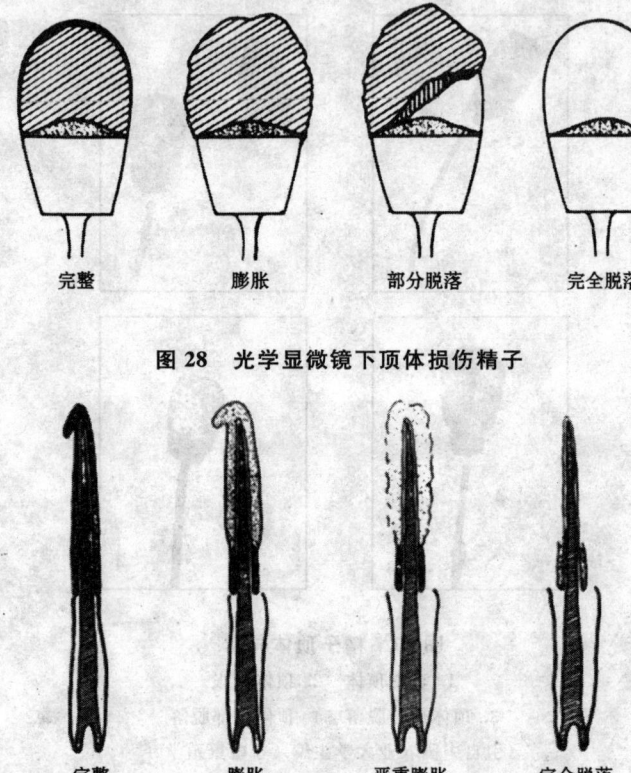

图 28 光学显微镜下顶体损伤精子

图 29 电子显微镜下顶体损伤精子

照明部分装在镜台下方,包括反光镜、集光器。

反光镜装在镜座上面,可向任意方向转动,它有平、凹两面,其作用是将光源光线反射到聚光器上,再经通光孔照明标本,凹面镜聚光作用强,适于光线较弱的时候使用,平面镜聚光作用弱,适于光线较强时使用。

集光器(聚光器)位于镜台下方的集光器架上,由聚光镜和光圈组成,其作用是把光线集中到所要观察的标本上。

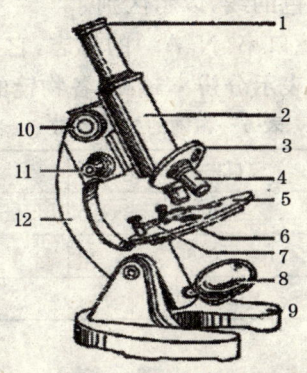

图 30　显微镜结构示意
1. 目镜　2. 镜筒　3. 物镜转换器
4. 物镜　5. 载物台　6. 光圈　7. 通光孔
8. 压片夹　9. 反光镜　10. 镜座
11. 粗调节器　12. 细调节器　13. 镜臂

聚光镜由一片或数片透镜组成,起汇聚光线的作用,加强对标本的照明,并使光线射入物镜内,镜柱旁有一调节螺旋,转动它可升降聚光器,以调节视野中光亮度的强弱。

光圈(虹彩光圈)在聚光镜下方,由十几张金属薄片组成,其外侧伸出一柄,推动它可调节其开孔的大小,以调节光量。

目前,显微镜的照明部分大多采用电光源,可以通过旋转控光旋钮调节光的强度,结合光圈调节光量,即可达到理想效果。

光学部分包括物镜和目镜。

目镜装在镜筒的上端,通常备有 2~3 个,上面刻有 5×、10× 或 15× 符号以表示其放大倍数,一般装的是 10× 的目镜。

物镜装在镜筒下端的旋转器上,一般有 3~4 个物镜,其中最短的刻有"10×"符号的为低倍镜,较长的刻有"40×"符号的为高倍镜,最长的刻有"100×"符号的为油镜,此外,在高倍镜和油镜上还常加有一圈不同颜色的线,以示区别。

在物镜上,还有镜口率(N.A.)的标志,它显示该镜头分辨率的大小,其数字越大,表示分辨率越高,各物镜的镜口率如表6。

表 6 物镜的技术参数

物　　镜	镜口率(N.A.)	工作距离(毫米)
10×	0.25	5.40
40×	0.65	0.39
100×	1.30	0.11

表中的工作距离是指显微镜处于工作状态(物像调节清楚)时物镜的下表面与盖玻片(盖玻片的厚度一般为0.17毫米)上表面之间的距离,物镜的放大倍数愈大,它的工作距离愈小。

显微镜的放大倍数是物镜的放大倍数与目镜的放大倍数的乘积,如物镜为10×,目镜为10×,其放大倍数就是$10 \times 10 = 100$倍。

2. 显微镜的使用方法

(1)低倍镜的使用方法

①取镜和放置:显微镜平时存放在柜或箱中,用时从柜中取出,右手紧握镜臂,左手托住镜座,将显微镜放在自己左肩前方的实验台上,镜座后端距桌边3~6厘米为宜,便于坐着操作。

②对光:用拇指和中指移动旋转器(切忌手持物镜移动),使低倍镜对准镜台的通光孔(当转动听到叩碰声时,说明物镜光轴已对准镜筒中心)。打开光圈,上升集光器,并将反光镜转向光源,以左眼在目镜上观察(右眼睁开),同时调节反光镜方向,直到视野内的光线均匀明亮为止。使用电光源的显微镜对光过程更为简单,只需旋转控光旋钮调节光的强度,结合光圈调节光量,即可达到理想效果。

③放置玻片标本：取一玻片标本放在镜台上，一定使有盖玻片的一面朝上，切不可放反，用推片器弹簧夹夹住，然后旋转推片器螺旋，将所要观察的部位调到通光孔的正中。

④调节焦距：以左手按逆时针方向转动粗调器，使镜台缓慢地上升至物镜距标本片约 5 毫米处，应注意在上升镜台时，切勿在目镜上观察。一定要从右侧看着镜台上升，以免上升过多，造成镜头或标本片的损坏。然后，两眼同时睁开（或左眼在目镜上观察），左手顺时针方向缓慢转动粗调节器，使镜台缓慢下降，直到视野中出现清晰的物像为止。

如果物像不在视野中心，可调节推片器将其调到中心（注意移动玻片的方向与视野物像移动的方向是相反的）。如果视野内的亮度不合适，可通过升降集光器的位置（电光源则旋转控光旋钮）或开闭光圈的大小来调节，如果在调节焦距时，镜台下降已超过工作距离（>5.4 毫米）而未见到物像，说明此次操作失败，则应重新操作，切不可心急而盲目地上升镜台。

(2) 高倍镜的使用方法

①选好目标：一定要先在低倍镜下把需进一步观察的部位调到中心，同时把物像调节到最清晰的程度，才能进行高倍镜的观察。

②转动转换器，调换高倍镜头：转换高倍镜时转动速度要慢，并从侧面进行观察（防止高倍镜头碰撞玻片），如高倍镜头碰到玻片，说明低倍镜的焦距没有调好，应重新操作。

③调节焦距：转换好高倍镜后，两眼同时睁开（或左眼在目镜上观察），此时一般能见到一个不太清楚的物像，可将细调节器的螺旋逆时针移动为 $0.5\sim1$ 圈，即可获得清晰的物像（切勿用粗调节器。）

如果视野的亮度不合适，可用集光器（电光源则旋转控光旋钮）和光圈加以调节，如果需要更换玻片标本时，必须顺时针（切勿转错方向)转动粗调节器使镜台下降,方可取下玻片标本。

(3)油镜的使用方法

①使用油镜之前,必须先经低、高倍镜观察,然后将需进一步放大的部分移到视野的中心。

②将集光器上升到最高位置,光圈开到最大。

③转动转换器,使高倍镜头离开通光孔,在需观察部位的玻片上滴加1滴香柏油,然后慢慢转动油镜,在转换油镜时,从侧面水平注视镜头与玻片的距离,使镜头浸入油中而又不以压破载玻片为宜。

④用左眼观察目镜,并慢慢转动细调节器至物像清晰为止。如果不出现物像或者目标不理想要重找,在加油区之外重找时应按低倍→高倍→油镜程序操作。在加油区内重找应按低倍→油镜程序操作,不得经高倍镜,以免油沾污镜头。

⑤油镜使用完毕,先用擦镜纸蘸少许二甲苯将镜头上和标本上的香柏油擦去,然后再用干擦镜纸擦干净。

3. 显微镜使用的注意事项 持镜时必须是右手握臂、左手托座的姿势,不可单手提取,以免零件脱落或碰撞到其他地方。轻拿轻放,不可把显微镜放置在实验台的边缘,以免碰翻落地。保持显微镜的清洁,光学和照明部分只能用擦镜纸擦拭,切忌口吹手抹或用布擦,机械部分用布擦拭。水滴、酒精或其他药品切勿接触镜头和镜台,如果沾污应立即擦净。放置玻片标本时要对准通光孔中央,且不能反放玻片,防止压坏玻片或碰坏物镜。要养成两眼同时睁开的习惯,以左眼观察视野,右眼用以绘图。不要随意取下目镜,以防止尘土落入物镜,也不要任意拆卸各种零件,以防损坏。使用完毕后,必须复原才能放回镜箱内,其步骤是:取下标本片,转动旋转器使镜头离开通光孔,下降镜台,平放反光镜,下降集光器(但不要接触反光镜)、关闭光圈,推片器回位,盖上绸布和外罩,放回实验台柜内。最后填写使用登记表(注:反光镜通常应垂直放,但有时因集光器没提至应有高度,镜台下降时会碰坏光圈,所以这里改为平放)。

4. 显微镜的保养方法 显微镜的光学部分,只能用特殊的专用擦镜头纸擦拭,不能乱用其他物擦拭。保持显微镜的干燥、清洁,避免灰尘、水及化学试剂的沾污。应配备较好的防尘罩。转换物镜镜头时,不要用手直接转动物镜镜头,只能转动转换器。不要随意转动粗细准焦螺旋。使用细准焦螺旋时,用力要轻,转动要慢,转不动时不要硬转。不得任意拆卸显微镜上的零件,严禁随意拆卸物镜镜头,以免损伤转换器螺口,或螺口松动后使低高倍物镜转换时不同焦。使用高倍物镜时,勿用粗准焦螺旋调节焦距,以免移动距离过大,损伤物镜和玻片。用毕送还前,必须检查物镜镜头上是否沾有水或试剂,如有则要擦拭干净,并且要把载物台擦拭干净,检查镜筒和镜臂上是否有污渍然后罩上防尘罩,将显微镜放入箱内,并注意锁箱。

三、精液稀释与保存技术

精液稀释是指向精液中加入适量适宜于精子存活、保持其受精能力的稀释液。所以,精液稀释液的配制是人工授精的一个必要环节。精液稀释的意义和目的在于扩大精液量,延长精子在体外的存活时间,增强其受精能力,充分提高优良种公畜的配种效率,利于精子的保存和运输。

精液保存(semen preservation)的目的是为了延长精子的存活时间及维持其受精能力,便于长途运输,扩大精液的使用范围,增加受配母畜头数,提高种公牛的配种效能。精液的保存方法分液态保存和冷冻保存2大类。

(一)精液稀释液的配制

凡进行保存的精液,必须稀释,切忌原精保存,而且在采精后,应立即稀释。用于稀释精液的稀释液必须和精液是等渗的。

配制稀释液原则上是现用现配。如隔日使用和短期保存(1周),必须严格灭菌、密封,放在0℃～5℃冰箱中保存。但卵黄、抗生素、酶类、激素等物质,必须在使用前添加。配制稀释液用水应为新鲜、无菌的蒸馏水或重蒸水。药品最好用分析纯,称量药品必须准确,充分溶解,过滤,消毒。使用新鲜的鸡蛋卵黄。所有配制稀释液用具都必须认真清洗和严格消毒。卵黄及抗生素等必须在稀释液冷却后加入。

1. 精液稀释液的主要成分

(1)营养物质 用于提供营养以补充精子生存和运动所消耗的能量。常被精子利用的营养物质主要有果糖、葡萄糖等单糖,以及卵黄和奶类(鲜全奶、脱脂奶或纯奶粉)等。

(2)保护性物质 保护性物质包括维持精液pH值的缓冲剂,防止精子冷休克(低温打击)的抗冻物质以及抗菌物质。

①缓冲物质:保持精液适当的pH值,利于精子存活。常用缓冲物质有柠檬酸钠、酒石酸钾钠、磷酸氢二钠、磷酸二氢钾等,以及近年来应用的三羟甲基氨基甲烷(Tris)、乙二胺四乙酸二钠(EDTA)等。

②抗冻物质:在精液的低温和冷冻保存过程中需降温处理,精子易受冷刺激,常发生冷休克,造成不可逆的死亡,所以加入一些防冷刺激物质有利于保护精子。常用的抗冻剂为甘油、乙二醇、二甲基亚砜(DMSO)等,此外卵黄、奶类也具有保护作用。

③抗菌物质:在精液稀释液中加入一定剂量的抗菌药,以利于抑制细菌的繁衍。常用的抗菌药有青霉素、链霉素以及氨苯磺胺等。

第三章　奶牛人工采精技术

(3)其他添加剂

①酶类:如过氧化氢酶能分解精子代谢过程中产生的过氧化氢,消除其危害,维持精子活率;α-淀粉酶促进精子获能,提高受胎率。

②激素类:添加催产素、前列腺素可促进母畜生殖道的蠕动,有利于精子向受精部位运行而提高受精率。

③维生素类:如维生素 B_1、维生素 B_2、维生素 B_{12}、维生素 C 等,能改善精子活率。

2. 牛精液稀释液的配制

(1)常温保存稀释液　牛的常温保存稀释液主要有伊里尼变温稀释液,在18℃~27℃下保存精液达 6~7 天;康奈尔大学稀释液,在8℃~15℃下保存 1~5 天,情期受胎率达65%以上;己酸稀释液,在18℃~24℃下保存 2 天,情期受胎率达 64%。上述稀释液列于表 7。

表7　牛精液常温保存稀释液

成　分	伊里尼变温稀释液[1]	康奈尔大学稀释液[2]	己酸稀释液[2][3]	番茄汁稀释液[2][3]	椰汁稀释液[2]	蜜糖、柠檬酸、卵黄稀释液[2]
基础液:						
二水柠檬酸钠(克)	2	1.45	2	—	2.16	2.3
碳酸氢钠(克)	0.21	0.21				
氯化钾(克)	0.04	0.04				
磺乙酰胺钠(克)	—	—	0.0125			
葡萄糖(克)	0.3	0.3	0.3			
蜜糖(毫升)						1
氨基乙酸(克)		0.937	1			
氨苯磺胺(克)	0.3	0.3			0.3	0.3
椰子汁(毫升)	—	—			15	
番茄汁(毫升)	—	—		100	—	

续表7

成 分	伊里尼变温稀释液[1]	康奈尔大学稀释液[2]	己酸稀释液[2][3]	番茄汁稀释液[2][3]	椰汁稀释液[2]	蜜糖、柠檬酸、卵黄稀释液[2]
奶清(毫升)	—	—	—	10	—	—
甘油(毫升)	—	—	1.25	—	—	—
蒸馏水(毫升)	100	100	100	—	100	100
稀释液:						
基础液(容量%)	90	80	79	80	95	90
2.5%己酸(容量%)	—	—	1	—	—	—
卵黄(容量%)	10	20	20	20	5	10
青霉素(单位/毫升)	1000	1000	1200	—	1000	500
双氢链霉素(微克/毫升)	1000	1000	—	—	1000	1000
硫酸链霉素(微克/毫升)	—	—	1200	—	—	—
氯霉素(微克/毫升)	—	—	0.0005	—	—	—
过氧化氢酶(单位/毫升)	—	—	—	—	150	—
抗霉菌素(单位/毫升)	—	—	—	—	4	—

注:1. 充二氧化碳约20分钟,使pH调到6.5。二氧化碳可用实验室发生器制取(盐酸+石灰石);2. 不充加二氧化碳;3. 稀释液配好后,充氮气约20分钟;4. 稀释液配好后,用碳酸氢钠将pH调到6.8,于5℃下加10%甘油

(2)低温保存稀释液 适用于牛精液低温保存的稀释液很多,在0℃~5℃下有效保存期可达7天,可做高倍稀释。现将目前常用的稀释液列于表8。

(3)冷冻保存稀释液 牛精液冷冻保存稀释液主要有卵黄—柠檬酸钠—甘油液,卵黄—糖类(乳糖、葡萄糖、果糖、棉籽糖、蔗糖)—甘油液,奶类(全奶、脱脂奶、奶粉)—甘油液3种。常用稀释液见表8。

第三章 奶牛人工采精技术

表8 牛精液低温保存稀释液

成 分	柠檬酸钠、卵黄液	葡萄糖、柠檬酸钠、卵黄液	葡萄糖、氨基乙酸、卵黄液	牛奶液	葡萄糖、柠檬酸钠、奶粉、卵黄液
基础液：					
二水柠檬酸钠（克）	2.9	1.4	—	—	1
碳酸氢钠（克）	—	—	—	—	—
氯化钾（克）	—	—	—	—	—
牛奶（毫升）	—	—	—	100	—
奶粉（克）	—	—	—	—	3
葡萄糖（克）	—	3	5	—	2
氨基乙酸（克）	—	—	4	—	—
柠檬酸（克）	—	—	—	—	—
氨苯磺胺（克）	—	—	—	0.3	—
蒸馏水（毫升）	100	100	100	—	100
稀释液：					
基础液（容量%）	75	80	70	80	80
卵黄（容量%）	25	20	30	20	20
青霉素（单位/毫升）	1000	1000	1000	1000	1000
双氢链霉素（微克/毫升）	1000	1000	1000	1000	1000

表9　牛精液冷冻保存稀释液

成分	乳糖卵黄甘油液	蔗糖卵黄甘油液	葡萄糖卵黄甘油液	葡萄糖、柠檬酸钠卵黄、甘油液 1液	2液*	解冻液
基础液：						
蔗糖（克）	—	12	—	—	—	—
乳糖（克）	11	—	—	—	—	—
葡萄糖（克）	—	—	7.5	3.0	—	—
双水柠檬酸钠（克）	—	—	—	1.4	—	2.9
蒸馏水（毫升）	100	100	100	100	—	100
稀释液：						
基础液（容量%）	75	75	75	80	86*	—
卵黄（容量%）	20	20	20	20	—	—
甘油（容量%）	5	5	5	—	14	—
青霉素（单位/毫升）	1000	1000	1000	1000	—	—
双氢链霉素（微克/毫升）	1000	1000	1000	1000	—	—
适用剂型	颗粒	颗粒	颗粒	细管	细管	颗粒

注：* 取1液86毫升加入甘油14毫升即为2液

（二）牛精液保存方法

现行的精液保存有3种方法：常温保存（15℃～25℃）、低温保存（0℃～5℃）和冷冻保存（－79℃～－196℃）。无论哪一种形式保存都以抑制精子的代谢活动、补充精子能量来延长精子存活时间为目的。通常可用隔绝空气，创造弱酸性环境，降低温度，增加糖类等营养物质的方法。

第三章 奶牛人工采精技术

1. 常温保存

(1)常温保存的概念和原理 常温保存(15℃～25℃)是将精液保存在室温条件下,也称变温保存或室温保存。常温保存的主要原理是利用一定的酸性环境,抑制精子的活动,或用冻胶环境来阻止精子运动,以减少其能量消耗,使精子保持在可逆性的静止状态而不丧失受精能力。

(2)常温保存方法 通常采用隔水降温的方法处理,先将精液与稀释液在 30℃同温下,按一定比例混合后,分装在贮藏瓶内,密封后放入 30℃温水容器内,然后连同容器放进 15℃～25℃温水瓶内保存;保存时要防止温度上升,保持相对稳定。也可将贮精瓶直接放在室内、地窖或自来水中保存。

2. 低温保存

(1)低温保存的概念与原理 低温保存主要是在抗冻剂的保护下,防止精子冷休克,缓慢降温至 0℃～5℃保存。它是利用低温来抑制精子活动,降低代谢和能量消耗,抑制微生物生长;同时,加入必要营养和其他成分,并隔绝空气,以达到延长精子存活时间的目的。因此,家畜射出体外的精子,用低温保存,经一定期限,当温度回升后,又逐渐恢复正常代谢功能而不丧失受精能力,所以存活时间比体温(或常温)条件下显著延长。然而,精子对冷刺激,特别是由体温急剧降温至 10℃～0℃,会使精子发生不可逆的冷休克现象。因此,在稀释液中须添加卵黄、奶类等抗冷休克物质,并采用缓慢降温方法是必要的。

(2)低温保存方法 精子发生冷休克的敏感温度是 10℃～0℃,为了免除冷休克的发生,降温速度采取缓慢降温方法:从 30℃降至 5℃～0℃时,0.2℃/分左右为好,用 1～2 小时完成降温全过程。待精液与稀释液降至室温(15℃～25℃)时即可进行分装,通常是按 1 个输精剂量分装至贮精瓶中。成批输精时,可按 10～20 个剂量进行分装。分装后加盖密封,用数层纱布包裹精液容器,并裹以塑料袋防水,置于0℃～5℃低温环境中;也可将贮精瓶放入30℃温水的容器内,直接置于0℃～5℃低温环境中;经1～2小时,精液温度降至0℃～5℃保存。保存期间,尽量维持温度恒定,防止升温。最理想的冷源是冰箱,也可用冰块放入广口保温瓶内代替,或吊入水井深处保存。

3. 冷冻保存

(1)冷冻保存的概念与保存原理　冷冻精液是利用液态氮(-196℃)、干冰(-79℃)或其他超低温安全冷源,将精液经过特殊处理后,保存在超低温下,以达到长期保存的目的。其原理是精液经过特殊处理后保存在超低温下,完全抑制精子的代谢活动,使精子生命在静止状态下保存下来,一旦升温又能复苏而不失去受精能力。但复苏的关键是精液在冷冻过程中,在抗冻保护剂的保护下,尽量防止精子水分冰晶化,而形成玻璃化或微晶化,减少对精子损伤。

(2)冷冻保存程序　精液的冷冻保存是长期保存家畜精液的一种先进技术。其方法是:首先检查精液品质,然后将精液用含有抗冻剂和其他保护物质的稀释液稀释,再通过降温、分装、平衡和冷冻等工艺流程,将冷冻精液置于超低温下长期保存。

①精液品质:冷冻效果与精液品质密切相关。因此,用于制作冷冻精液的种公牛,其体型外貌和生产性能经遗传力估价和后裔测定等综合性评定,应符合本品种的特征,精液品质应比较优良,特别是活率要高,密度要大。

②精液稀释:分为一次稀释法和二次稀释法。一次稀释法常用于颗粒精液,近年也应用于细管、安瓿冷冻精液。即将采出的精液与甘油按比例同温稀释液(不做具体规定),使每一剂量(颗粒、细管、安瓿)中,解冻后所含直线前进运动精子数达到规定标准,一般为1 000万以上;二次稀释法则为减少甘油对精子的化学毒性作用,采用二次稀释法效果较好。常用于细管法冷冻,也适宜于安

瓿精液冷冻。即将采出的精液先以不含甘油的第一液稀释至最后倍数的一半,经 1~1.5 小时,使稀释精液的温度降至 4℃~5℃,以防低温打击。然后,用含甘油的第二液在同温下做等量第二次稀释,经平衡后用于冷冻。

③冷冻方法:常用液氮熏蒸法,关键是靠调节样本距液氮面的距离和时间掌握降温速度。不同剂型精液的冷冻方法不同。

颗粒精液冷冻法:将装有液氮的广口保温瓶(或其他广口液氮容器)上置一铜纱网(或铝饭盒盖),距液面 1~3 厘米,预冷数分钟,使初冻温度保持在-80℃~-100℃。或用聚四氟乙烯凹板代替铜纱网,先将其浸入液氮中几分钟后,悬于液面上。然后将经平衡的精液定量而均匀地滴冻,每滴 0.1 毫升左右,停留 2~4 分钟后,颗粒颜色变白时,收集,贮于液氮中。滴冻时动作要迅速,要防止精液温度回升。

细管、安瓿精液冷冻法:与颗粒熏蒸法相同,将细管安瓿精液平放在距液氮面一定距离的铜纱网上,停留约 5 分钟,待精液冻结后,移入液氮中贮存。工厂化细管的冷冻方法是使用控制液氮喷量的自动记温速冻器,5℃~-60℃ 每分钟下降 4℃,-60℃ 起尽快降至-196℃,即在液氮中保存。此法质量一致、标记详尽、不易污染,已在国内外广泛应用。此外,中小型企业可用冷冻槽作为制作细管冻精的冷冻容器,制冻在冷冻槽内进行,将细管架置于液氮上方,以低温温度仪监测细管处温度,保持在-100℃~-120℃ 熏蒸 10 分钟后浸入液氮内。分装及制冻时须轻巧、迅速,避免外界环境影响。

(三)冷冻精液的解冻与使用

1. 解冻 解冻方法直接影响着解冻后精子的活率,这是冷冻精液不可忽视的环节。

由于剂型不同,解冻方法也有差别,细管、安瓿冷冻精液可直接将其投入38℃±2℃温水中解冻。颗粒冷冻精液解冻时将1～1.5毫升解冻液装入灭菌试管内，置于38℃±2℃温水中，然后投入1个颗粒，摇动至融化，取出使用。

解冻液的配制：a. 二水柠檬酸钠2.9克、双蒸馏水100毫升；b. 二水柠檬酸钠1克、蔗糖4克、乙二胺乙酸二钠0.1克、双蒸馏水100毫升。

2. 输精　用于输精的冷冻精液，解冻后精子的活力不应低于0.3，畸形率不超过25%，顶体完整率在60%以上，每毫升中细菌数不超过1 000个为宜。现用现解冻。

实施直肠把握子宫颈深部输精，每头发情牛每次输精应用解冻精液1个剂量（细管、颗粒或安瓿）。

每一情期输精1～2次。要做到输精适时和输精器适宜深度、慢插、轻注、缓出，防止精液逆流。具体操作方法见第四章。

输精时间和输精适期见表10和表11。

表10　适宜输精时间

发现母牛发情时间	输精时间
早晨（8时前）	当日午后
中午（9～14时）	当日晚
午后（15时后）	次日早晨

表11　输精适期及母牛表现

发情周期及发情阶段	发情前期	发情期			发情后期	排卵
		初期	中期	末期		
母牛表现	拒绝爬跨	接受爬跨	接受爬跨	接受爬跨	拒绝爬跨	—
输　精	过早	早	可	最适	可,晚	过晚

第三章 奶牛人工采精技术

(四)液氮罐的使用及保管

液氮容器用于贮存冷冻精液和贮存、运输液氮。贮存冷冻精液的液氮容器多为容量不等的液氮罐,大的可达数百升,小的不到1升;贮存、运输液氮的液氮容器有大容量的液氮槽、液氮车,也有小容量的运输液氮罐。

液氮罐由外壳、内层、夹层、颈管、盖塞、贮精提筒及外套构成(图31)。液氮罐有内外两层,外层称为外壳,其上部是罐口。内层也称为内胆,其中的空间称为内槽,可将液氮和冷冻精液贮存于内槽中。内槽的底部有底座,用于固定贮精提筒。内外两层间的空隙为夹层,是真空状态,夹层中装有绝热材料和吸附剂,以增强罐体的绝热性能,使液氮蒸发量小,延长容器的使用寿命。颈管有一定的长度,以绝热黏合剂将罐的内外两层连接,其顶部为罐口,与盖塞之间有孔隙,利于液氮蒸发的氮气排出,从而保证安全,同时具备绝热性能,尽量减少液氮的气化量。盖塞是由绝热性能良好的塑料制成,以阻止液氮蒸发,具有固定贮精提筒手柄的凹槽。贮精提筒置于罐内槽中可以贮放细管、安瓿及颗粒精液,其手柄挂于罐口边上,以盖塞固定。中、小型液氮罐为携带运输方便,有一外套并附有挎背用的皮带。

1. 液氮罐的使用

(1)消毒 新购入的液氮罐使用前必须清洗消毒,然后再充氮使用,消毒时首先用中性洗涤剂和温水把罐内冲洗干净,然后用70%酒精消毒或用紫外线灯照射消毒。冻精站及人工授精人员使用的液氮罐每年至少清洗消毒1次。

(2)液氮的添充 初次添加液氮时,要少量且动作要慢,使整个罐部温度均匀地降低,然后再充满,即要有个预冷的阶段;防止液氮直接冲击颈部,最好用大漏斗。当液氮消耗掉1/2时,即应补充液氮。罐内液氮的剩余量可用称重法来估算,也可用带刻度的木尺或细木条等插至罐底,经10秒取出,测量结霜的长度来估算。

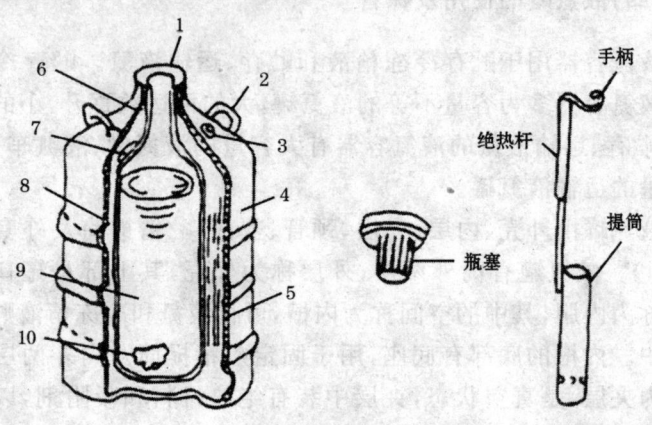

图 31　液氮容器结构示意图
1. 保护圈　2. 把手　3. 真空嘴　4. 外壳　5. 高真空多层绝热
6. 颈管　7. 活性炭　8. 内壳　9. 液氮　10. 定位板
(引自宋洛文等主编《肉牛繁育新技术》,河南科学技术出版社,1997)

(3)液氮罐的保养　液氮罐应放置在凉爽、干燥、通风良好的室内,使用和搬运过程中防止碰撞。注意保护盖塞和罐的颈管部,此部分质地脆弱易于损坏,严禁罐口放置物体和密封颈口。罐体不可横倒放置。每年应清洗1次罐内杂物(内有颗粒或其他东西),将空罐放置2天后,用40～50毫升中性洗涤剂擦洗,再用清水多遍冲洗,使之自然干燥或用吹风机吹干,方可使用。如使用过程中,罐子的外壁结霜,说明罐子的真空失灵,要尽快倒出精液于其他贮存罐中。

2. 冻精在液氮罐中的保存、取用注意事项

(1)标识清晰　液氮罐内贮存几头公牛的冻精时将其放入不同的提筒内,在罐口手柄处挂一标签,标明冻精的来源、生产日期、产品规格等,以免混淆。

(2)贮存 贮存精液时必须迅速地放入经预冷的贮精提筒内,浸入罐内液氮面以下,将提筒底部套入底座、手柄置于罐口的槽沟内,颗粒精液可装入纱布袋或小瓶内,浸入液氮,纱布袋或小瓶系一标签固定在罐口处。用于长期贮存的冻精,使用贮存罐,定期补充液氮,一般在剩余量为总容量的 1/3 时补充为宜。用于异地使用的冻精贮存在远输罐(YDS-XB)内,途中须用皮带或其他物品固定,并使用海绵等软垫垫底。

(3)取用 取用精液时操作要敏捷迅速,贮精提筒提至颈管基部 5 秒内完成,或操作 5 秒后浸入罐底液氮后再重新提起,冻精在转移过程中离开液氮不能超过 10 秒,提筒应在罐口下 5 厘米处操作。要注意不要摩擦颈管内壁,并且不可过分地弯曲提筒的手柄(先推到对面,再提起来),取完精液后注意将精液容器再次浸入液氮内。

思 考 题

1. 简述人工授精操作程序。
2. 如何进行精液品质鉴定?
3. 冷冻精液的解冻与使用过程中应该注意哪些问题?
4. 液氮罐的使用及注意事项有哪些?

第四章 奶牛配种方法

配种是使母牛受孕的繁殖技术,方法包括自然交配和人工授精两种类型。前者直接利用公牛交配使母牛受胎,是一种较为传统的繁殖技术;后者利用公牛的精液人工操作器械使母牛受胎,是一种先进的繁殖技术。

一、自然交配

在动物生产中,直接使用公牛与发情的母牛交配,这种配种方式称为自然交配。常见的自然交配有以下几种类型。

(一)自由交配

在群牧条件下,公、母牛混群饲养,只要母牛发情,任一公牛均可与其交配。这是一种不受人为控制的原始配种方式,不便进行配种记录,而且易引起近亲交配,使种群生产性能和遗传性能发生退化。

(二)分群交配

将母牛分成若干个小群,每群根据需要放入1头或者几头经过选择的公牛,任其自由交配。这种方式可以实现一定程度的选种选配,但是仍然不便于进行配种记录。

(三)圈栏交配

在公、母牛隔离饲养条件下,当母牛发情时,放入特定的公牛圈栏内,使之与公牛交配。这种配种方式既可以控制母牛的受胎次数,又可以提高公牛的利用率,还可以进行严格的配种记录。

(四)人工辅助交配

在公、母牛隔离饲养条件下,只在母牛发情时,才按照既定的选种选配计划使之与特定的公牛进行交配。并在配种前对母牛的外阴进行消毒,以防止生殖道疾病的传播。如果公、母牛之间体型悬殊,还可以采取适当的辅助措施完成交配。这种方式的交配可以进行严格的配种记录。

牛自然交配时,要注意确定发情母牛最适宜的输精配种时间。确定依据是:

排卵时间:母牛的排卵均发生在发情结束后。奶牛为结束后5~15小时排卵。大多数母牛排卵发生在夜间。

卵子保持受精能力的时间:卵子受精的地方在输卵管的1/3处的壶腹部。卵子在输卵管可以保存12~24小时。牛的卵子保持受精能力的时间为6~12小时。

精子到达受精部位的时间:精子进入母牛生殖道后,仅需15分钟左右就可到达输卵管的壶腹部。

精子在母牛生殖道中保持受精能力的时间:一般为30小时(24~48小时)。根据这些条件,母牛一般适宜配种时间是在发情开始后18~24小时配种效果较好。但在生产实践中准确预测发情开始或发情停止的时间是难以做到的。但是,发情盛期容易观察到,所以可根据发情盛期的出现,再等待6~8小时后输精即能获得较高的发情期受胎率。或者在上午被爬跨不动的母牛,下午逃避爬跨或表现不安,其阴道流出的黏液,用手拉缩7~8次不断,直肠检查时,滤泡突出于卵巢表面,水泡感明显或有柔软感,此时配种最为合适。

在生产实践中,还要确定产后第一次配种的适宜时间。实践证明:产后第一次配种的理想间隔,奶牛为60~90天,肉牛为60~

90天和90~120天。母牛产后配种应遵守的原则是:有利于提高母牛的经济利用性;有利于母牛的健康,能使母牛持久而正常的生产。

牛的自然交配是农村养牛常采用的一种配种方法。使用这种配种方法时注意以下事项:要做好配种计划和安排;要有计划、有要求、有目的地进行;绝不要乱交、混配,更不要放任自流,任公、母牛自由交配。

要选好配种方法。

要选好配种牛群和个体:实践证明牛的自然交配应配合选种选配,才会有效果。应选经济价值和种用价值高的牛群;要选健康、壮龄的个体公、母牛交配。为此,应对参配公、母牛进行整群,对其个体进行鉴定或检查。

应注意配种效果的观察:做好配种实况的登记,做到观察准确,登记数据和资料要真实。

二、人工授精——子宫内输精

输精是人工授精最后一个环节,适时而准确地把一定量优质精液输到发情母牛生殖道内适当部位,是保证得到较高受胎率的关键。

(一)人工输精操作规程

1. 确定输精时间　根据发情鉴定后发情母牛直肠检查卵泡发育的情况,确定适宜的输精时间,见第二章四、(四)。

2. 严格消毒　对输精人员、牛体和输精器械分别进行严格消毒。人员应戴无菌塑料手套;牛体先清除外阴部及周围粪污,然后用消毒液由上向下彻底冲洗;输精枪先用清洁水清洗干净,再用70%酒精棉球擦洗2~3遍,然后用酒精火焰进行彻底消毒,待放

第四章 奶牛配种方法

凉后,在输精前用生理盐水棉球擦洗枪头及枪体,方可用于输精。

3. 精液装枪 输精员将解冻好的细管精液正确安装在输精器内,开口端向前。

4. 输精 生产中,常用的输精方法主要有开膣器输精和直肠把握子宫颈输精2种。后者的受胎率高于前者。

(二)人工输精方法

1. 开膣器输精法 用金属或玻璃开膣器将阴道扩张,借助光源(手电筒、额镜、额灯等),寻找子宫颈外口,然后用另一只手将输精管插入子宫颈内1~2厘米,即可徐徐输入精液。此法优点是能直接看到输精管插入子宫颈口内;缺点是操作繁琐,容易引起母牛不适,输精部位浅,受胎率低。因此,此方法当前使用较少。

2. 直肠把握子宫颈输精法 将左手伸入直肠内,排出宿粪,寻找并把握子宫颈外口,压开阴裂。右手持输精器由阴门插入,先向上斜插,避开尿道口,而后再平插直至子宫颈口。以左手四指隔直肠壁把握子宫颈,两手配合,将输精器越过子宫颈螺旋皱襞,将精液输入子宫内或子宫颈5~6厘米深处(图32,图33,图34)。

此法的优点是用具简单,操作安全,不易感染;母牛无痛感刺激,处女牛也可使用;可顺便做妊娠检查,以防止误给孕牛输精而引起流产;输精部位深、确实,受胎率较开膣器输精法提高10%~20%。因此,当前被广泛使用。

采用此方法的注意事项是当手通过直肠抓握子宫颈时,肠壁可能发生努责,这时可稍停一会儿,待松弛后再进行;如子宫颈过细或过粗难以把握时,可将子宫颈挤向骨盆侧壁固定后再输精;插入输精器时,动作要轻,并随牛移动而移动。当有阻力时,不要硬推,要变动方向;输精器对不上子宫颈口时,可能是把握过前,造成颈口游离下垂。若把握正确,仍难以插入时,可用扩张棒扩张子宫颈口或用开膣器撑开阴道,检查子宫颈口是否不正或狭窄;通过子宫颈口后,更应轻轻推进输精器,以防止穿透子宫壁(特别是初学者);注入精液时,应将输精器稍稍往外拉出,以免输精器口被堵。若发现大量的精液残留在输精器内,要重新补输。

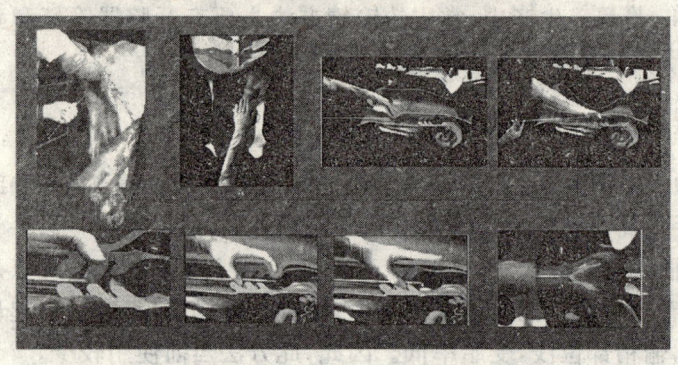

图32 牛直肠把握子宫颈子宫内输精过程

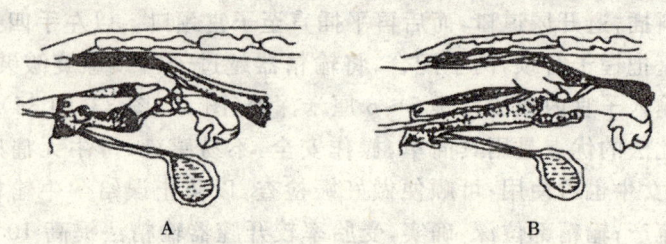

图33 牛直肠把握输精
A. 不正确的操作 B. 正确的操作

输精操作时要小心谨慎,防止损伤阴道壁、子宫颈和子宫体。若母牛直肠呈罐状时,可用手臂在直肠中前后抽动促使松弛。

母牛输精后进行2次妊娠诊断,第一次在配种后2～3个月,第二次在停奶前。妊娠诊断采用直肠检查法、腹壁听诊法、超声诊断法等。

第四章 奶牛配种方法

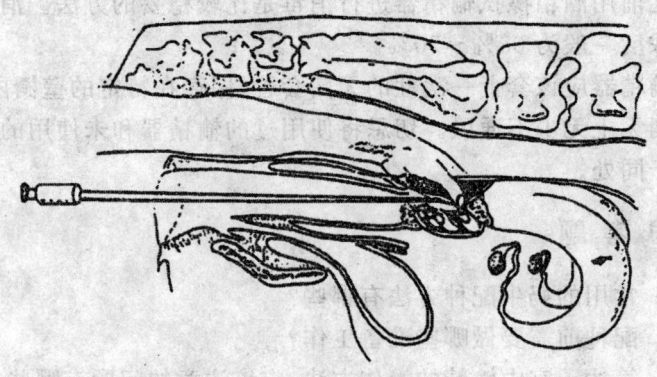

图 34 牛直肠把握子宫颈输精法
（引自张大鹏主编《家畜繁殖学》，黑龙江朝鲜民族出版社，1985，95）

(三)器材的使用、消毒及保管

奶牛人工授精的输精器械为开膣器，输精器和照明灯。由于现在大都采用直肠把握输精，所以开膣器已经很少使用了。而照明灯由于不和奶牛直接接触，所以也不用进行消毒处理。输精器作为主要的输精工具，必须彻底消毒。奶牛的输精器有玻璃和金属 2 种，大小不一，直肠把握输精多使用金属输精器。

输精器的消毒应以煮沸消毒为主。80℃、5~10 分钟，炭疽菌、结核菌均可被杀死；100℃、1 分钟，炭疽菌芽孢可被杀死。在实践中，可用 100℃、15 分钟煮沸消毒。在消毒过程中，煮沸水应浸没输精器。

玻璃和金属的输精器均可煮沸消毒（脱脂棉、纱布、滤纸除外）。如果煮沸水中加入 1%~2% 的碳酸氢钠，可以增加消毒效果，防止金属器材生锈。也可以在高压灭菌锅内消毒，压力在 0.14 兆帕，121℃，20 分钟即可。

一般情况下，输精器的外面包有一次性的无菌套管，但是，在使用之前用酒精擦拭输精器进行消毒是比较稳妥的方法。消毒用酒精浓度一般为65%～70%。

输精器应该套上一次性的无菌套管,保存在特定的壁橱内,要求壁橱无土无尘不通风。切忌将使用过的输精器和未使用的输精器放于同处。

思 考 题

1. 常用的奶牛配种方法有哪些?
2. 配种前需要做哪些准备工作?
3. 简述子宫内输精的操作方法,应该注意的问题有哪些?

第五章 奶牛配种员技术考核指标及劳动定额

一、家畜人工授精从业人员资格评审标准

为了更好地开展畜禽品种改良工作,规范家畜人工授精点建设,特制定《家畜人工授精从业人员资格评审标准》。

1. 初级人工授精员 畜牧院校毕业生或经县级以上畜牧行政主管部门培训的人工授精人员,能熟练掌握家畜人工授精技术操作规程及相关知识,经考核鉴定合格者。

2. 中级人工授精员 畜牧院校毕业生或经县级以上畜牧行政主管部门培训的人工授精人员,能熟练掌握家畜人工授精技术操作规程及相关知识,经考核鉴定合格者。从事家畜人工授精实际工作5年以上。配准1头母牛平均消耗冻精在2.5剂以下。

3. 高级人工授精员 畜牧院校毕业生或经县级以上畜牧行政主管部门培训的人工授精人员,能熟练掌握家畜人工授精技术操作规程及相关知识,经考核鉴定合格者。从事家畜人工授精实际工作15年以上。配准1头母牛平均消耗冻精在2剂以下。能够熟练治疗难产、不孕及奶牛生殖系统疾病。在本人服务区内享有很高声誉。

二、良种场繁殖人员工作内容

(一)工作日程

一日上3班,早班7:30~10:30;中班14:30~17:00;晚班

21:00～23:30。

(二) 查 槽

繁殖人员应每班坚持查槽。从牛的尾部通过,认真观察每一头牛的腰荐部,检查是否有爬跨痕迹,检查阴门是否有异常分泌物。认真听取饲养员和挤奶员反映牛只的信息。查槽时要有统一的查槽记录,每班的查槽记录必须完整。

(三) 发情观察及发情鉴定

繁殖值班人员在每班牛下槽后(早班和中班)要进行仔细的发情观察工作,观察时间要保持在1小时左右,随时随地观察和记录牛只发情情况,积极听取其他人员对牛只发情的反映并结合每班上槽后的查槽记录。有必要的要进行直肠检查。做好发情鉴定,要有仔细的发情记录,建立发情预测机制。

(四) 输 精

根据发情情况和查槽记录,确定输精工作。解冻精液的水温控制在38℃左右,水浴10～20秒钟。实行二次输精法早晨输精后,下午或晚上要进行第二次输精;晚上或下午输精后,第二天上午上班后要进行第二次输精。输精枪使用完毕后要清洗消毒,经干燥箱烘干后备用。输精处理完毕后,必须在当班时认真仔细填写输精记录,不得漏记补记。

(五) 子宫疾病治疗

繁殖人员应积极做好产后牛只子宫康复性治疗,新生牛产后15天左右要统一进行子宫复旧检查,根据直检情况及认真观察子宫的分泌物性状,根据不同的情况选择不同的治疗措施。产后40天左右要进行第二次子宫恢复性检查,对个别子宫恢复不好的牛

第五章 奶牛配种员技术考核指标及劳动定额

只要进行重点治疗。处理完毕后,应在当班时认真填写子宫用药处理记录,不得漏记补记。

(六) 妊 娠

牛只输精后,若两个情期后未返情,60 天应开始进行妊娠检查,90 天确定妊娠成果,并认真填写妊娠记录。中途如有牛只流产,要及时填写流产记录。

三、人工授精技术标准

1. 母牛繁殖指标

年总受胎率≥95%;

年情期受胎率≥58%;

年空怀率≤5%;

年综合受胎指数≥0.55;

年漏配率≤15%;

初配受胎率≥75%;

产后第一次受胎率≥65%;

胎间距≤385 天;

初产月龄≤30 月龄;

产犊后 50 天内出现第一次发情的母牛比例≥80%;

正常发情周期的比例≥90%;

产后第一次配种的平均天数在 70~90 天;

配种 3 次以下(含 3 次)受胎母牛比例≥94%;

半年以上未孕母牛比例≤5%;

母牛每受胎 1 次的平均精液耗量≤3 个剂量;

年流产率≤6%;

年繁殖率≥92%。

2. 发情和发情鉴定

对逾 15 月龄未见初情的育成母牛，须进行母畜产科和营养学检查；发情鉴定采用观察法。主要观察母牛是否接受其他母牛爬跨、黏液量和黏液性状，每天 3~4 次，必要时检查卵泡发育情况。

3. 配 种

育成母牛 16~17 月龄，体重达 380 千克开始配种；成年母牛产后应有 60 天的休整期，第一次配种应在休整期以后。

配种前要进行母畜产科检查，对患有生殖疾病的牛只不予配种，应及时治疗。

精液解冻方法：细管冻精用 38℃±2℃ 温水直接浸泡解冻；颗粒冻精用 38℃±2℃，1.5 毫升解冻液解冻，每次解冻 1 粒，多于 2 粒时，应分别解冻。

精液解冻后保存时间，细管精液≤1 小时，颗粒精液≤1 小时，若需外运应采用解冻后用塑料袋包装在 4℃~5℃ 贮存，存放时间≤46 小时。

输精前应进行精液品质检查。

采用直肠把握法输精，输精时机掌握在发情中、后期，1 个发情期输精 1~2 次，每次用 1 个剂量精液。用卡苏枪或玻璃输精器输精，玻璃输精器每牛每次 1 支，不经消毒不得重复使用，用毕要及时清洗干净，放入干燥箱内经 160℃ 消毒 30~60 分钟。

配种全过程要保证无污染。首先清洗外阴，擦干；其次，输精器定期干热灭菌（130℃，30 分钟），输精时输精器套上消毒的塑料外套。

4. 妊娠和妊娠诊断

母牛输精后进行 2 次妊娠诊断，第一次在配种后 2~3 个月，第二次在停奶前。妊娠诊断采用直肠检查法、腹壁听诊法、超声诊断法等。对妊娠母牛要加强饲养管理，做好保胎工作。

5. 繁殖障碍牛的管理

对产后 60 天未发情的牛只、发情间距在 40 天以上的未配牛只、配种后未妊娠牛只,要查明原因,进行诱导发情或对症处理;对输精 2 次以上仍未妊娠的牛只,要进行母畜产科检查,发现病症及时处理;对产后半年以上的未妊娠成年母牛和 24 月龄以上的未妊娠青年母牛要组织会诊;对早期胚胎死亡、流产、早产的牛只,要分析原因,必要时进行流行病学调查,对传染性流产要采取相应的卫生、防疫措施。

思 考 题

1. 人工授精技术标准的内容是什么?
2. 简述奶牛场繁殖人员的工作内容和要求有哪些?

附　录

附录1　牛人工授精操作规程

牛冷冻精液人工授精技术操作规程。
本规程适用于使用牛冷冻精液人工授精的输精站。

(一)冷冻精液输精站的基本建设

1. 人工授精操作室

(1)精液处理室　面积为8~10平方米,要求屋顶、墙壁、地面平整。室内放置有液氮罐贮存冷冻精液,并进行冷冻精液的解冻及精液品质检查。

(2)直检、输精室　面积为30~40平方米。室内安置有1~2个六柱栏,用于对母牛直肠检查进行发情鉴定、妊娠诊断和不孕症的防治,同时亦用于母牛输精。要求室内光线充足,地面平整,便于清除粪便。

2. 母牛系留场(栅)　根据本站配种范围内的适繁母牛数来确定一定面积的场地,用于拴系来站检查和配种的母牛。一般距种公牛拴系场应保持20米以上距离,或用墙壁圈舍隔开。

(二)器械和药物的准备

1. 药液的配制　75%酒精及75%酒精棉球;1/3 000新洁尔灭溶液;生理盐水棉球。

2. 解冻液的配制

(1)2.9%柠檬酸钠溶液　柠檬酸钠2.9克,加蒸馏水至100

毫升。

(2)葡-柠溶液 葡萄糖3克,柠檬酸钠1.4克,蒸馏水加至100毫升。

(3)复方蔗-柠溶液 蔗糖1.15克,柠檬酸钠1.47克,磷酸二氢钾0.325克,碳酸氢钠0.09克,氨苯磺胺0.3克,蒸馏水加至100毫升。

3. 器械 10升液氮贮存罐1个,3升液氮贮存罐1个,10升液氮运输罐1个,生物显微镜及显微镜保温箱,恒温水浴箱,各式牛用输精器,手提式高压灭菌器。

4. 器械的洗涤 人工授精用的器械在每次使用以后,均需用洗涤剂洗刷干净,特别是注射器、输精器内的残留精液均应彻底洗涤干净,并需保持洁净、干燥,存放于清洁的橱柜内。

5. 器械消毒和冲洗

玻璃棒、金属镊子、搪瓷方盆需用70%酒精棉球消毒。

解冻用小试管、解冻液、注射器、生理盐水棉球、毛巾、纱布需用高压蒸汽消毒。要求消毒温度达到115℃维持30分钟。

颗粒及安瓿型冷冻精液输精器需经高压蒸汽消毒。当连续为数头母牛输精时,每输精一头母牛后,输精器可用70%酒精棉球由前向后擦拭消毒,等干燥后,再用生理盐水棉球擦拭后,可再用于另一头母牛输精。

细管型冷冻精液输精器的前段接头需以高压蒸汽消毒,接杆部分可以用70%酒精棉球消毒,待干燥后再用生理盐水棉球擦拭,每次输精只需更换输精器接头即可。

凡是接触精液的器械如解冻小试管、颗粒及安瓿型冷冻精液输精器、贮存精液容器等均需彻底消毒,并经灭菌的解冻液冲洗2次,以保持精子的适宜环境。

(三)精液品质检查

1. 精子活率评定 颗粒型冷冻精液应先取 2.9% 柠檬酸钠 1～1.5 毫升,加温到 38℃±2℃,投入颗粒冷冻精液一粒,轻轻摇荡,当融化尚余 1/2～1/3 时,脱离加温,使其在外界温度下融化,用压片法立即在 150～600 倍显微镜下检查。

检查精子活率用的显微镜载物台应保持 35℃～38℃ 温度。

以显微镜视野下,呈直线前进运动的精子数占全部精子数的百分率来评定精子活率。100% 的精子呈直线前进运动者评为 1, 90% 的精子呈直线前进运动者评为 0.9,依此类推。

每头份冷冻精液的直线前进运动精子数必须达到以下标准:细管型 1 000 万个以上/支;颗粒型 1 200 万个以上/粒。

2. 精子顶体完整率评定 采用姬姆萨染色法,用显微镜观察或用相差显微镜观察。每个样品应观察精子总数 500 个。解冻后精子顶体完整率不得低于 40%。

(四)冷冻精液的包装、标记和运输

1. 冷冻精液的包装

(1)细管型冷冻精液 应封闭严密。

(2)颗粒型冷冻精液 必须以无菌容器包装。

(3)安瓿型冷冻精液 应封闭严密,耐受冷冻。

2. 冷冻精液的标记 细管、安瓿的外壁和颗粒冷冻精液容器上应标记或拴系有标记牌。注明站名、公牛号、精液制冻日期、批号以及该批冷冻精液的精子活率。不同品种公牛的冷冻精液可用不同颜色包装加以区别。

3. 冷冻精液的运输

移动液氮贮存罐时,应提握罐柄,轻拿轻放,防止冲撞。液氮贮存罐及液氮运输罐装车运输时,应在罐底加防震软垫。罐体应

加外套,装入木箱,加以牢固地拴系,防止倾倒。运输冷冻精液应有专人押送,办理好交接手续卡片。途中应随时注意检查并及时补充冷源。

(五)冷冻精液的贮存

在液氮贮存罐内贮存的冷冻精液,必须切实地浸没于液氮中。

取放贮存冷冻精液的提筒,只允许上提到液氮罐的罐颈段之下,严禁提出罐外,在罐内脱离液氮的时间不得超过10秒。

向另一液氮贮存罐内转移冷冻精液时,精液提筒不得脱离液氮5秒。

取放冷冻精液之后,应及时盖上罐塞,以减少液氮消耗及防止异物落入罐内。

严防不同畜种、品种、个体公畜的冷冻精液混杂,难以辨识。

对于长期用作贮存冷冻精液的液氮罐应定期清理和洗刷。

(六)冷冻精液的解冻

细管、安瓿型冷冻精液可用 38℃±2℃ 温水直接浸泡解冻。颗粒型冷冻精液应逐粒分别用 38℃±2℃ 的 1~1.5 毫升的解冻液解冻。不得将两粒以上的颗粒冷冻精液投入到一份解冻液中解冻。

解冻后的精液温度不得超过外界环境温度,一般应控制在 10℃ 以下。

细管型冷冻精液应在 1 小时内用于输精;安瓿、颗粒型冷冻精液应在 2 小时内用于输精。

解冻后精液需作运输时,应置于 4℃~5℃ 温度下不得超过 8 小时。

(七)输　精

母牛需经发情鉴定及健康检查后才能给予输精。母牛在输精前,外阴部应经清洗,以 1/3 000 新洁尔灭溶液或 70% 酒精棉球擦拭消毒,待干燥后,再用生理盐水棉球擦拭。发情母牛每次输入 1 头份解冻后的冷冻精液。输精用精子活率应达 0.3 以上。输入的直线前进运动精子数,细管型冷冻精液为 1 000 万个以上;颗粒型冷冻精液为 1 200 万个以上。采用直肠把握输精法将精液注入到子宫口或子宫体部位。输精母牛须做好记录。各项记录必须按时、准确,并定期进行统计分析。

附录2 牛冷冻精液国家标准

中华人民共和国国家标准 GB 4143—XX 代替 GB 4143—84
牛冷冻精液(Frozen semen of bovine)
国家技术监督局发布

前 言

本标准是根据 GB/T 1.3—1997《标准化工作导则第一单位：标准的起草与表述规则第三部分：产标准编写规定》的规定对 GB 4143—84 进行修订的。

本标准与 GB 4143—84 的主要技术差异如下：

标准的结构、技术要求及表述规则按 GB/T 1.3—1997 进行修改。

原 GB 4143—84 中规格与质量中 1.2,1.3,1.4,1.5,1.6,1.7,1.8 部分加以修改。

原 GB 4143—84 中的检查方法修改为牛冷冻精液质量检验方法并各种公牛品种代号、种公牛及新鲜精液质量三部分作为3个附录(补充件)，牛冷冻精液制作程序改为附录(参考件)。使用方法和输精部分取消。

本标准自实施之日起代替 GB 4143—84。

本标准由中华人民共和国农业部提出并归口。

本标准起草单位：南京农业大学、北京奶牛育种中心。

本标准主要起草人：金穗华、陆汉希、王元兴、于德洪、吕奇。

1 主题内容与适用范围

本标准规定了牛冷冻精液的技术要求、试验方法、检验规则、标志、包装、运输和贮存。

本标准适用于乳、肉、兼用牛及水牛和牦牛的冷冻精液产品(以下简称"冻精")。

2 引用标准

GB 5458 液氮生物容器

GB/T 1.1—1993 标准编写的基本规定

GB/T 1.2—1996 标准出版印刷的规定

3 术语

精子密度(Sperm density)指每毫升精液中的精子数。

精子活力(Sperm motility)指37℃环境下直线前进运动精子占总精子数的百分率。

精子顶体完整率(Intact rate sperm of acrosome)指顶体完整精子占总精子数的百分率。

精子畸形率(Abnormal sperm rate)指畸形精子占总精子数的百分率。

精子存活率(Sperm survival rate)指在37℃环境下保存4小时时直线前进运动精子占总精子数的百分率。

细菌数(Bacteria count)指一剂量冻精经培养后出现的细菌菌落数。

4 型式

4.1 细管微型、中型

4.2 颗粒

5 技术要求

5.1 外观

5.1.1 细管无裂痕,两端封口严密,印制的标志应清晰。

5.1.2 颗粒大小均匀,表面光滑。

5.2 剂量

5.2.1 细管冻精微型:0.20 ± 0.03毫升;中型:0.40 ± 0.05毫升。

5.2.2 颗粒冻精 0.1 ± 0.01 毫升。

5.3 剂量冻精解冻后的精液

5.3.1 活力≥35%(即0.35),水牛≥30%(即0.30)。

5.3.2 呈直线前进运动的精子数≥0.8×10^7 个,水牛≥1×10^7 个。

5.3.3 存活率≥0.01%(0.001)。

5.3.4 顶体完整率≥40%。

5.3.5 畸形率≤18%,水牛≤20%。

5.3.6 细菌菌落数≤800个。

6 试验方法

6.1 外观

用目测法,其结果应符合本标准5.1条的规定。

6.2 剂量

试验程序按照附录B(补充件)进行,其结果应符合本标准5.2条的规定。

6.3 解冻后精液

解冻方法及精子活力、每剂量呈直线前进运动精子数、精子存活率、精子顶体完整率、精子畸形率、细菌数的试验程序按照附录B(补充件),其结果应符合本标准5.3条的规定。

7 检验规则

7.1 每头公牛每批号的冻精必须经站质检人员检验合格后方可出站。

7.2 出站检验:出站前对外观、精子活力每头牛每批号的产品必须检验。

7.3 型式检验:本标准技术要求中全部项目,每头牛每二个月至少抽检一个批号产品。

7.4 每批号为每头牛一次采精的冻精产品。

7.5 出站检验、型式检验应在每头牛每批号冻精产品中随机抽取,按每个检验项目各三份。

7.6 结果应以抽检三份样品的平均值为准。

7.7　型式检验对产品检验中任何一项技术要求不合格则判定为不合格产品。

7.8　最终判定结果应以型式检验结果判定合格、不合格。

8　标志、包装、运输、贮存

8.1　标志

8.1.1　种公牛的品种及其代号见下表。

公牛品种		冻精包装容器颜色（细管、颗粒、安瓿）	品种代号
奶　牛	中国黑白花	白　色	HB
	沙西瓦		SX
兼用牛	西门塔尔	粉红色	XM
	苏　系		S-XM
	德　系		D-XM
	奥　系		A-XM
	瑞　系		R-XM
	兼用短角		JD
	草原红牛		CH
	新疆褐牛		XH
	三河牛		SH
肉　牛	肉用短角	草绿色	RD
	夏洛莱	草绿色	XL
	海福特		HF
	安格斯		AG
	利木赞		LM
	莫累灰		ML
	圣格特鲁迪斯		SG
	抗旱王		KH
	辛地红		XD
	婆罗门		PM
	婆拉福		PL

附　录

公牛品种		冻精包装容器颜色 （细管、颗粒、安瓿）	品种代号
黄牛	南阳牛	浅黄色	NY
	秦川牛		QC
	延边牛		YB
	鲁西黄牛		LX
	晋南牛		JN
	复州牛		PZ
	朝鲜牛		CX
	蒙古牛		MG

8.1.2　细管冻精应在管壁（或包装袋）上印制以下内容。

a.　生产站名

b.　公牛品种

c.　公牛号

d.　生产日期或批号

8.1.3　颗粒冻精每头牛每批号要有明确标签附在或直接印制在包装袋上。

a.　生产站名

b.　公牛品种

c.　公牛号

d.　生产日期或批号

e.　数量

f.　精子活力

8.2　包装

8.2.1　细管冻精用专用的塑精管或灭菌纱布袋。

8.2.2　颗粒冻精用灭菌纱布袋。

8.2.3　每一包装量不得超过100份。

8.3　运输

8.3.1 冻精运输过程中要有专人负责,贮存容器不得横倒及碰撞和强烈振动。

8.3.2 保证冻精始终浸在液氮中。

8.4 贮存

8.4.1 贮存冻精的低温容器应符合 GB 5458 标准规定。

8.4.2 专人负责及时补充液氮,保证冻精浸在液氮中。

8.4.3 每头公牛的冻精单独贮存。

8.4.4 贮存冻精的容器每年至少清洗一次并更换新鲜液氮。

8.4.5 取放冻精时,冻精离开液氮的时间不得超过 10 秒钟。

补充条件 A:牛冷冻精液质量检验方法

A.1 剂量检查

主要器材有 5.0 毫升试管、定量吸管、恒温水浴箱、凹玻片。

A.1.1 细管 将细管放置 37℃水浴中解冻,然后剪去两端,将精液滴在凹玻片上,用 1.0 毫升吸管吸取并检查其精液量。

A.1.2 颗粒 将颗粒放入试管内,自然解冻后用 0.2 毫升的定量吸管吸取检查其精液量。

A.2 精子活力的检查

主要仪器和器材有显微镜或显微闭路电视装置、恒温水浴箱、5.0 毫升试管、载玻片或精液性状板、盖玻片(18×18)、显微镜保温或恒温装置、滴管、2.9%柠檬酸钠解冻液。

A.2.1 解冻 细管直接置于 37℃水浴中解冻,颗粒冻精置预先预热至 40℃的内有 1.0 毫升柠檬酸钠解冻液的试管中,水浴解冻,适当摇动,使冻精基本融化。

A.2.2 检查 取解冻后精液 50 微升置于载玻片上,加盖玻片,立即在 200~400 倍显微镜下观察活力,环境温度或载物台温度保持在 40℃,也可以通过电视装置在荧光屏上观察活力。每个样品应观察 3 个视野,注意不同液层内的精子运动状态,进行全面

附 录

评定。

A.3 每一剂量呈直线前进运动的精子数

主要器材有血细胞计数板、100微升移液管、小试管、计数器、显微镜或闭路电视装置、滴管、3.0%氯化钠液。

A.3.1 检查方法 准确吸取100微升解冻的精液,注入盛有9.9毫升3.0%氯化钠溶液的试管内,以100倍液稀释混匀,准备好的血细胞计数板用盖玻片将计算室盖严。用小吸管吸取一滴混匀后的精液于该玻片边缘,使精液自行流入计数室均匀充满,不能有气泡或厚度过大,然后在显微镜下或电视荧光屏上观察计数。

A.3.2 计算公式

a. 每剂量中精子数=5个中方格中的精子数×5(即计数室25个中方格的总精子数)×10(1立方毫米内的精子数)×1 000(每毫升精液的精子数)×100(稀释倍数)×剂量值

上式可简化为:每剂量中精子数=5个中方格精子数×(5×10^5)×剂量值

b. 每样品上下观察两个计数室,取平均值,如两室计数结果误差超过5.0%,则应重新计数。

c. 每剂量中呈直线前进运动精子数=每剂量中精子数×活力(%)

A.4 精子存活时间的检查

主要器材有显微镜、冰箱、恒温箱、小试管、吸管、载玻片、盖玻片。

A.4.1 解冻方法按照A.2.1,精子活力的检查按照A.2.2。

A.4.2 存活时间的评定 解冻后精液立即检查活力,37℃恒温箱保存4小时后检查活力。

A.5 精子顶体完整率的检查

主要器材有显微镜、载玻片、血细胞分类计数器、小吸管、蒸馏水、姬姆萨染料、磷酸二氢钠、磷酸氢二钠、甲醛、甲醇、甘油。试剂为 A.R。

A.5.1 试剂配制

a. 磷酸盐缓冲液

磷酸二氢钠($NaH_2PO_4 \cdot 2H_2O$)0.55 克

磷酸氢二钠($Na_2HPO_4 \cdot 12H_2O$)2.25 克

双蒸水定容至 100.00 毫升。

b. 中性福尔马林固定液

40%甲醛 HCHO(使用前经碳酸镁中和过滤)8.00 毫升

磷酸二氢钠($NaH_2PO_4 \cdot 2H_2O$)0.55 克

磷酸氢二钠($Na_2HPO_4 \cdot 12H_2O$)2.25 克

用 0.89%氯化钠溶液 50.00 毫升溶解后加入 8.00 毫升中和后的甲醛,再加 0.89%氯化钠溶液定容至 100.00 毫升。

c. 姬姆萨原液

	姬姆萨染料	1.00 克
	甘油[$C_3H_5(OH)_3$]	66.00 毫升
	甲醇(CH_3OH)	66.00 毫升

姬姆萨染料放入研钵中加少量甘油充分研磨至无颗粒为止,然后将甘油全部倒入,放入 56℃恒温箱中保温继续溶解 4 小时,再加甲醇充分溶解混匀,取出过滤贮于棕色瓶中。

d. 姬姆萨染料

	姬姆萨原液	2.00 毫升
	磷酸盐缓冲液	3.00 毫升
	蒸馏水	5.00 毫升

注意现配现用。

A.5.2 制片染色

a. 抹片 取精液样品 1 滴,滴于载玻片一端,用另一边缘光滑的玻片与有样品的玻片呈 35°,将样品均匀地抹于载玻片上,自然风干(约 15 分钟)。

b. 固定 在风干抹片上滴上 1~2 毫升中性福尔马林固定液固定 15 分钟后,用清水缓缓冲去固定液,吹干或自然干燥。

c. 染色 将干燥的固定后的抹片反扣在带有平槽的有机玻璃板面上,把姬姆萨染液滴于槽和抹片之间,让其充满平槽并使抹片接触染液,染色1.5小时后用清水缓缓冲去染液,晾干待检。

d. 镜检 将制备好的抹片在显微镜下观察(1 000倍油镜)。

e. 计数 每样品制作两个抹片,每个抹片观察300个精子以上(分左、右两个区),取两片的平均值,两片的变异系数不得超过20.0%,若超过应重新制片检查。

f. 精子顶体完整率计算

顶体完整率(%)=(顶体完整精子数/精子总数)×100%

A.6 精子畸形率的检查

A.6.1 制片染色 按照A.5.2

A.6.2 畸形精子率的计算

畸形精子率(%)=(畸形精子/精子总数)×100%

A.7 冻精中细菌数的检查

主要器材和材料有培养箱、超净工作台,培养用各类试剂牛肉浸膏、蛋白胨、磷酸氢二钾、氯化钠、琼脂粉、血清(脱纤维血或兔血)、蒸馏水。

A.7.1 血琼脂的配制

普通琼脂制作	牛肉浸膏	5克
	蛋白胨	10克
	磷酸氢二钾	1克
	氯化钠	5克

用蒸馏水1 000毫升溶解后,加琼脂粉20克加温溶解。矫正pH值至7.4~7.6,并用脱脂棉过滤,分装于试管或三角烧瓶中经高压灭菌(1.03×10^5帕)。

血琼脂平皿制作	普通琼脂	100.00毫升
	无菌血清	5.0毫升

先将普通琼脂融化,待冷至45℃~50℃,加无菌血清5.0毫

升混匀,混匀后用无菌操作倾入无菌皿待用。

A.7.2 检查方法 取一剂量的冷冻精液,用灭菌生理盐水10倍稀释,取0.2毫升倾倒于血琼脂平板,均匀分布,在普通培养箱中37℃恒温培养48小时,观察平皿内菌落数,并计算每剂量中的细菌菌落数,每个样品做两个,取平均值。

计算结果:每剂量中细菌数=菌落数×取样品量的倍数

例:颗粒0.1毫升中细菌数=菌落数×5(取样品量的倍数)

　　细管0.25毫升中细菌数=菌落数×12.5(取样品量的倍数)

补充条件B:种公牛及新鲜精液质量

B.1 种公牛质量

B.1.1 使用种公牛应符合本品种的特征,具有种用价值,其评价为特等、一等标准或评分相当,未经后裔测定的公牛冻精要严格控制使用。

B.1.2 种公牛体质健壮,无传染病,凡引进的种公牛要先隔离检疫,经正式兽医检疫机构证明无下列传染病才能使用:牛肺疫、布鲁氏菌病、牛结核病、牛副结核、牛白血病、钩端螺旋体病、传染性牛鼻气管炎、病毒性腹泻病、胎儿弧菌和阴道滴虫病等。

检疫方法应按照中华人民共和国农业部颁布的有关规定执行。

B.1.3 种公牛外周血检测染色体正常、无遗传病。

B.2 种公牛鲜精质量

B.2.1 种公牛新鲜精液质量应符合以下标准

B.2.1.1 色泽呈乳白色或淡黄。

B.2.1.2 精子活力≥65%。

B.2.1.3 精子密度≥$8×10^8$/毫升。

B.2.1.4 精子畸形率≤15%。

参考文献

[1]王守勋等编著.奶牛实用繁殖技术.北京:金盾出版社,2006

[2]张忠诚主编.家畜繁殖学(第四版).北京:中国农业出版社,2004

[3]朱士恩,张忠诚主编.牛繁殖实用新技术.北京:中国农业出版社,2003

[4]侯放亮主编.牛繁殖与改良新技术.北京:中国农业出版社,2005

[5] Hafez E. S. E. Reproduction in Farm Animal. 6th.1993

[6]桑润滋主编.动物繁殖生物技术.北京:中国农业出版社,2002

[7]陆汉希.细管冷冻精液生产设备的科学配置[J].中国畜牧杂志,1999,(05)

[8]刘国世.国外猪人工授精技术研究进展[J].猪业科学,2007,(7)

[9]刘加邦,朱士恩.重视科技抓管理,提高奶牛产奶量[J].黑龙江畜牧兽医,2001,(05)

[10]张忠诚.公牛繁殖力检查的研究和应用[J].中国奶牛,1992,(04)

[11]张忠诚.荷兰奶牛繁殖管理[J].中国奶牛,1994,(02)

[12]王仲士主编.奶牛繁殖和人工授精.上海:上海科学技术文献出版社,1996

[13]全国畜牧总站汇编.牛冷冻精液生产技术与管理.2007

[14]全国畜牧总站汇编.牛冷冻精液生产技术与质量管理.2007

金盾版图书,科学实用,通俗易懂,物美价廉,欢迎选购

书名	价格	书名	价格
科学养牛指南	29.00元	奶牛饲养员培训教材	8.00元
养牛与牛病防治(修订版)	8.00元	肉牛无公害高效养殖	8.00元
		肉牛快速肥育实用技术	13.00元
奶牛场兽医师手册	49.00元	肉牛饲料科学配制与应用	10.00元
奶牛良种引种指导	8.50元		
肉牛良种引种指导	8.00元	肉牛高效益饲养技术	10.00元
奶牛肉牛高产技术(修订版)	7.50元	肉牛饲养员培训教材	8.00元
		奶水牛养殖技术	6.00元
奶牛高效益饲养技术(修订版)	16.00元	牦牛生产技术	9.00元
		秦川牛养殖技术	8.00元
怎样提高养奶牛效益	11.00元	晋南牛养殖技术	10.50元
奶牛规模养殖新技术	17.00元	农户科学养奶牛	16.00元
奶牛高效养殖教材	4.00元	牛病防治手册(修订版)	12.00元
奶牛养殖关键技术200题	13.00元	牛病鉴别诊断与防治	6.50元
		牛病中西医结合治疗	16.00元
奶牛标准化生产技术	7.50元	疯牛病及动物海绵状脑病防制	6.00元
奶牛饲料科学配制与应用	15.00元		
		犊牛疾病防治	6.00元
奶牛疾病防治	10.00元	肉牛高效养殖教材	5.50元
奶牛胃肠病防治	6.00元	优良肉牛屠宰加工技术	23.00元
奶牛乳房炎防治	10.00元	西门塔尔牛养殖技术	6.50元
奶牛无公害高效养殖	9.50元	奶牛繁殖障碍防治技术	6.50元
奶牛实用繁殖技术	6.00元	牛羊猝死症防治	9.00元
奶牛肢蹄病防治	9.00元	现代中国养羊	52.00元
奶牛配种员培训教材	8.00元	羊良种引种指导	9.00元
奶牛修蹄工培训教材	9.00元	养羊技术指导(第三次修订版)	11.50元
奶牛防疫员培训教材	9.00元		

农户舍饲养羊配套技术	17.00元
羔羊培育技术	4.00元
肉羊高效益饲养技术	8.00元
肉羊饲养员培训教材	9.00元
怎样养好绵羊	8.00元
怎样养山羊（修订版）	9.50元
怎样提高养肉羊效益	10.00元
良种肉山羊养殖技术	5.50元
奶山羊高效益饲养技术（修订版）	6.00元
关中奶山羊科学饲养新技术	4.00元
绒山羊高效益饲养技术	5.00元
辽宁绒山羊饲养技术	4.50元
波尔山羊科学饲养技术	8.00元
小尾寒羊科学饲养技术	4.00元
湖羊生产技术	7.50元
夏洛莱羊养殖与杂交利用	7.00元
无角陶赛特羊养殖与杂交利用	6.50元
萨福克羊养殖与杂交利用	6.00元
羊场畜牧师手册	35.00元
羊病防治手册（第二次修订版）	8.50元
羊防疫员培训教材	9.00元
羊病诊断与防治原色图谱	24.00元
科学养羊指南	28.00元
南江黄羊养殖与杂交利用	6.50元
绵羊山羊科学引种指南	6.50元
羊胚胎移植实用技术	6.00元
肉羊高效养殖教材	4.50元
肉羊饲料科学配制与应用	7.50元
图说高效养兔关键技术	14.00元
科学养兔指南	35.00元
简明科学养兔手册	7.00元
专业户养兔指南	12.00元
新法养兔	15.00元
家兔饲养员培训教材	9.00元
长毛兔高效益饲养技术（修订版）	9.50元
怎样提高养长毛兔效益	10.00元
长毛兔标准化生产技术	13.00元
獭兔高效益饲养技术（修订版）	7.50元
怎样提高养獭兔效益	8.00元
肉兔高效益饲养技术（修订版）	12.00元
肉兔标准化生产技术	7.50元
养兔技术指导（第三次修订版）	12.00元
肉兔无公害高效养殖	12.00元
实用养兔技术	7.00元
家兔配合饲料生产技术	10.00元
家兔饲料科学配制与应用	8.00元
家兔良种引种指导	8.00元
兔病防治手册（第二次修订版）	10.00元
兔病诊断与防治原色图谱	19.50元

书名	价格	书名	价格
兔出血症及其防制	4.50元	貂标准化生产技术	7.50元
兔病鉴别诊断与防治	7.00元	图说高效养貂关键技术	8.00元
獭兔高效养殖教材	6.00元	乌苏里貂四季养殖新技术	11.00元
家兔防疫员培训教材	9.00元	麝鼠养殖和取香技术	4.00元
毛皮兽养殖技术问答(修订版)	12.00元	人工养麝与取香技术	6.00元
毛皮兽疾病防治	10.00元	海狸鼠养殖技术问答(修订版)	5.50元
新编毛皮动物疾病防治	12.00元	冬芒狸养殖技术	4.00元
毛皮动物饲养员培训教材	9.00元	果子狸驯养与利用	8.50元
毛皮动物防疫员培训教材	9.00元	艾虎黄鼬养殖技术	4.00元
毛皮加工及质量鉴定	6.00元	毛丝鼠养殖技术	4.00元
茸鹿饲养新技术	11.00元	食用黑豚养殖与加工利用	6.00元
水貂养殖技术	5.50元	家庭养猫	5.00元
实用水貂养殖技术	8.00元	养猫驯猫与猫病防治	12.50元
水貂标准化生产技术	7.00元	鸡鸭鹅病防治(第四次修订版)	12.00元
图说高效养水貂关键技术	12.00元	肉狗的饲养管理(修订版)	5.00元
怎样提高养水貂效益	11.00元	中外名犬的饲养训练与鉴赏	19.50元
养狐实用新技术(修订版)	10.00元	藏獒的选择与繁殖	13.00元
狐的人工授精与饲养	4.50元	养狗驯狗与狗病防治(第三次修订版)	18.00元
图说高效养狐关键技术	8.50元	狗病防治手册	16.00元
北极狐四季养殖新技术	7.50元	狗病临床手册	29.00元
狐标准化生产技术	7.00元		
怎样提高养狐效益	13.00元		
实用养貉技术(修订版)	5.50元		

以上图书由全国各地新华书店经销。凡向本社邮购图书或音像制品,可通过邮局汇款,在汇单"附言"栏填写所购书目,邮购图书均可享受9折优惠。购书30元(按打折后实款计算)以上的免收邮挂费,购书不足30元的按邮局资费标准收取3元挂号费,邮寄费由我社承担。邮购地址:北京市丰台区晓月中路29号,邮政编码:100072,联系人:金友,电话:(010)83210681、83210682、83219215、83219217(传真)。